THE DIGITAL MATRIX

数字化决策

运用"数字化矩阵"实现企业转型的系统决策原则

[美] 文卡·文卡查曼 ◎ 著　　谭　浩 ◎ 译
（Venkat Venkatraman）

SPM
南方出版传媒
广东人民出版社
·广州·

图书在版编目（CIP）数据

数字化决策／（美）文卡·文卡查曼 (Venkat Venkatraman) 著；谭浩译 . －广州：广东人民出版社，
2018.10
ISBN 978-7-218-12910-5

Ⅰ . ①数… Ⅱ . ①文…②谭… Ⅲ . ①数字化－研究 . Ⅳ . ① TP3

中国版本图书馆 CIP 数据核字（2018）第 105771 号

The Digital Matrix: New Rules for Business Transformation through Technology
Copyright ©2017 by Venkat Venkatraman
Simplified Chinese edition copyright©2018 by **Grand China Publishing House**
This edition arranged with LifeTree Media Ltd, Vancouver,British Columbia,V5N 1T7 Canada.
All rights reserved

SHUZI HUA JUECE
数字化决策
[美] 文卡·文卡查曼 ◎著　谭　浩 ◎译　　　　　　　版权所有　翻印必究

出 版 人：肖风华

策　　划：中资海派
执行策划：黄　河　桂　林
责任编辑：林　俏　朱　琳
特约编辑：温敏超
版式设计：汪勋辽
封面设计：红杉树文化

出版发行：广东人民出版社
地　　址：广州市大沙头四马路 10 号（邮政编码：510102）
电　　话：(020) 83798714（总编室）
传　　真：(020) 83780199
网　　址：http：//www.gdpph.com
印　　刷：深圳市东亚彩色印刷包装有限公司
开　　本：787mm×1092mm　1/32
印　　张：10.5
字　　数：160 千字
版　　次：2018 年 10 月第 1 版　　2018 年 10 月第 1 次印刷
定　　价：69.80 元

如发现印装质量问题，影响阅读，请与出版社（020 - 83795749）联系调换。
售书热线：(020) 83790604 83791487　邮 购：(020) 83781421

致中国读者信

Dear Chinese Readers –

Thanks very much for your interest in my book. Excited to see it printed in Chinese.

The world is becoming digital and this is true of China. Although I wrote this book based on my research in USA, I hope the framework and rules help you think about implications for China.

I offer you the Digital Matrix as a guide to help you play your part during China's transformation with digital technologies.

Best wishes

Venkat

July 2018

亲爱的中国读者：

非常感谢你对《数字化决策》的关注。很高兴我的书能在中国出版。

世界正变得越来越数字化，这一趋势在中国真实地发生着。虽然本书基于我对美国的研究，但我期望书中提出的框架及规则能够帮助你们思考其对中国的意义。

在中国的数字化转型过程中，希望"数字化矩阵"管理框架能助你做出自己的贡献。

祝好！

文卡

2018 年 7 月

数字化决策与中国的数字化十年

本书出版于 2017 年，聚焦于当今管理者面临的一个最重要的领导力问题，即如何有效应对数字化技术带来的机遇与挑战。所有行业都处于全球化和数字化的进程中，不仅如此，几乎每家企业都变得越来越数字化，具体包括产品、流程、服务和商业模式。未来，数字化进程只会不断加速。传统行业的领导者必须认识到，利用数字技术实现数字化转型——进而与那些数字型企业竞争的能力决定了企业未来的成败。

过去十年，数字巨头们取得了长足的发展。就在本书写作期间，全球市值最大的前十名企业中有 5 家数字巨头，且全都是美国公司——苹果、Alphabet、亚马逊、微软和脸书。目前，阿里巴巴和腾讯也在努力挤入这一榜单的前列位置。未来十年，阿里巴巴、腾讯和百度很可能成为人们公认的全球领先的数字企业。过去十年属于出版、传媒、娱乐、软件和通信等重信息、轻资产的行业，未来十年则是交通、能源、医疗保健、制造以及与全球供应链相关的其他资产密集型产业的时代。这将让作为全球第二大经济体的中国处于数字化商业转型的中心位置。

中国的数字企业正在崛起，多家中国公司正在成为全球化的数字领导者，其中包括苹果和三星的有力竞争对手小米，对爱立信和诺基亚构成重大挑战的华为，与优步在全球市场上一争高下的滴滴出行，向全球金融服务公司发起挑战的蚂蚁金服以及老牌汽车制造商的新对手吉利汽车。此外，数字创业也变得风生水起，在风险投资的支持下，一些初创企业正尝试以数据分析、人工智能、无人驾驶汽车和机器学习等技术打造下一代商业模式。

在写《数字化决策》时，我主要观察研究美国公司，尤其是传统行业中的在任领导者。但在过去的 18 个月里，就在我向全球读者介绍这一矩阵以及与之相配套的管理规则时，我逐渐发现，本书中的一些核心理念适用于全球范围。我非常希望中国的读者也能从这些理念中获得启发与灵感。

人类正处于一个"拐点"，数字化即将深入社会结构的每一寸肌理。无论身处何方，成败都取决于是否具备发现数字化技术的作用，并以之解决个人、公司乃至经济体所面临的基本问题的能力。遵循工业时代的成熟发展路径而获得成功的知名大公司需要向数字化转型，而天然携带数字化基因的年轻公司则要形成自己的经营理念，冲破旧观念和旧模式的局限。

在 20 世纪，管理理念和实践起源于西方，并为东方所接纳采用。而这种情形将在下一个数字化十年发生改变，因为：中国和其他亚洲国家的企业已经发展出不受既往定义与规则阻碍的新商业模式，并积极拥抱数字化的魔力和功能，引入新的视角和最佳实践；中国在最高层面上认识到了人工智能和机器学习的力量；中国拥有巨大的互联网人口规模优势，能够进行系统化的实验；此外，中国还拥有人才资源与技术基础，可以实现创新的规模扩张和速度增长。

近年来，依托大型工厂及其在全球化中的分工，中国取得了巨大的发展。看看 iPhone 背面的宣传语："美国加州设计，中国组装。"如果你依然只把中国当成"世界工厂"，那么它的数字化商业创新模式将会让你从这个梦中猛然惊醒。

截至目前，我们看到百度、阿里巴巴、腾讯、华为、小米、Oppo 和 Vivo 等众多中国公司的崛起。我相信，未来十年，我们还将看到更多全球化企业在中国诞生。这些企业的领导者或许已经在实践着我在本书中论述的一些核心理念：挑战工业时代的成熟发展路径，尝试用数字化技术创造新的商业模式；组织发展数字化功能，同时不受明确的行业界限和线性供应链的传统组织的限制；构建传统技术与数字化技术相结合的生态系统，从而解决过去解决不了的客户问题；用功能强大的机器人和机器设计出具有人类独创性的强大新组织。

《数字化决策》从管理学视角（而非技术视角）理解企业的未来，以及当今人类组织方式中所固有的历史局限性。我希望，当中国的管理者在未来十年里为有效应对竞争而进行战略设计和战略创新时，本书能提供一些有用的参考。未来的十年足以让我们兴奋不已，但著名经济学家约翰·梅纳德·凯恩斯说过："开发新观念不难，难的是从旧观念中跳脱出来。"全球经济发展需要东西方携手，共同发展数字化商业创新方案。就我个人而言，我期待看到各种模式和做法，并对它们展开分析。希望《数字化决策》能够发挥一点小小的贡献，为我们思考数字化未来的管理提供帮助。

林永青

价值中国新经济智库总裁

构建数字化矩阵，向数字化企业转型

所有企业正变得越来越数字化。换言之，所有企业已经受到，或即将受到各种数字化技术的影响：大数据、数据分析和人工智能影响着你的业务流程和重大决策；社交网络塑造着你的客户的行动方式、互动方式和消费方式；向个人消费者和企业客户提供服务时，移动应用程序和云计算是你的必要工具；物联网通过各种传感器和软件，把你的所有产品连接到更广泛的机器网络和云上；机器人、无人机和3D打印是你的供应链演变的关键驱动因素。

今天，我们正处在一个"拐点"。行业、竞争和组织等传统概念逐渐失去意义，而划分数字技术价值的新标准又尚未出现。那些经过工业时代检验和完善过的战略，以及管理方面的旧规则似乎不再有效，但新的管理规则、价值创造与价值捕获的规范又尚未建立。诞生于后工业时代的数字化企业纷纷崛起，它们的管理原则及实践与工业时代的企业已截然不同。

为帮助读者更好地理解未来极有可能影响企业发展的各种力量，作者创造了数字化矩阵(The Digital Matrix)这一管理框架。选取从传统的工业时代成长起来的知名公司，并对其数字化转型进行探讨。

企业必须转型，但你却不知道在什么时候、以什么样的方式摒弃那些经过实践检验的商业模式和做法。

本书中，作者阐述了数字化矩阵的运作方式，并介绍在新的生态系统下，各类既竞争又合作的参与者，以及探讨数字化转型的不同阶段特征、机遇和压力。

同时还介绍三种利于成功的方法：首先是如何避免在动态的生态系统中迷失方向；其次是如何与不同公司合作，共同打造新能力并创造新的商业价值；最后是如何进行组织架构设计，以反映全新而强大的人机交互模式。不同于植根于机械工程的工业时代法则，这些方法展现的是基于计算机科学的全新管理原则。你也可以亲自为你的公司模拟制定数字时代的发展战略，它们将形成公司未来发展的基础。

转型的核心原则

当你向新的数字化商业模式投入更多资源时，你的核心商业模式就开始从传统模式转变为数字模式了。回顾历史，传统企业常常与转折点失之交臂。只有回头看，我们才能看清那些被错过的关键时点。因此，在核心商业模式的转变过程中，请利用好转型窗口期，并遵循以下三个原则。

剥离传统业务，专注新的数字核心业务。这一阶段的主要任务是转移工业时代的业务重心。其中一个有效策略是重新调整业务范围，而非简单地增加数字业务的占比。想一想你可以剥离出哪些资产，从而把重点放在未来的可能业务上，而不是解决当前问题。例如，通用电气砍掉了它的金融部门和其他非战略性资产，专注于利用数字技术和数据分析提升交通、建筑、电力和医疗保健等行业的效率。同样，IBM也剥离了包括个人电脑和零售终端在内的低价值业务，将注意力转向认知计算和物联网等新兴领域。在内部能力不达标时，将亚马逊、微软和IBM等云服务提供商视为建立核心数字能力的可能选项。如果来不及剥离传统资产，请试着考虑分离传统资产。

通过并购将数字化能力纳入核心业务。在共存阶段，许多企业都以并购获得最初的数字化能力，而且它们通常会保持被并购业务的独立性。在第二阶段，对被并购企业的整合是非常重要的。这样可以强迫你学习被并购企业的数字化商业模式，推动企业内部的战略改革和组织改革。

将数字化商业思维置于核心地位。为了切实改变商业模式，你必须摈弃传统思维方式，拓宽思路，而不是只盯着产品、服务、行业或各业务单元。你要思考的是与谁合作，以从未想过的方式向从未涉足的地区提供产品和服务，从而为客户带来价值。

多维即跨界：数字化企业的创新基因

当传统商业模式与逐渐入侵的数字化商业模式发生冲突时，传统模式的生命力就已所剩不多。需要观察大量创新的商业逻辑：科技型创业公司在其他行业中进行了哪些创新？其他传统企业正以哪些方式重塑商业模式？重点是要想方设法地搞懂实现自身核心产品或服务的数字化逻辑。在数字化矩阵中，各类企业都将发问："我现在属于哪个行业？"

通用汽车是一家工业内燃机汽车企业还是运输行业内的企业？IBM 是一家信息产业的硬件企业还是属于软件业和服务业？可口可乐和百事可乐属于无酒精饮料行业还是别的什么行业？对于这些问题，数字时代的答案只有一个：各行业在交叉点上出现的新商业模式。

企业必须学会重新认识自己，不再将自己定位为生产产品或提供服务的部门，而是从事着让其他人想要和自己合作的事业。因此，在数字时代，所有企业都必须在网络连接所构成的、不断变化的商业格局中思考自身定位。

罗睿兰（Ginni Rometty）

IBM 公司总裁、董事长及 CEO

这是一个属于认知系统和人工智能的时代。在这个讲求简单、实用且极具开创性的时代，文卡·文卡查曼为数字化商业策略建立了一种重要的新模型！虽然《数字化决策》的读者是传统行业中的企业管理者，但我相信，这本书值得所有领导者读一读，无论你来自老牌大企业还是诞生于云端的初创公司。这本书无异于一张指导业务转型的路线图。

苏铭天（Martin Sorrell）

WPP 集团前 CEO

《数字化决策》出来得恰逢其时。它告诉你如何在数字化的全球趋势中制定你的商业策略——不仅是生存下来，还要变得更加成功。

克拉克·哥拉斯达尼（Clark Golestani）

默克制药公司首席信息官兼执行副总裁

这是一个宝贵的框架，它能够帮助领导者驾驭数字化转型趋势，并在其中赢得一席之地。

吉姆·奇列洛（Jim Ciriello）

默克制药公司 IT 规划与创新助理副总裁

《数字化决策》提出了一个参与、学习和构建数字化转型全过程中各种关系的框架。转型不再仅局限于创新领域，实际应用这一框架还需要一个积极而现实的企业规划过程。

斯柯特·莫顿（Scott Morton）

麻省理工学院斯隆管理学院名誉教授

通过一个概念框架和众多真实的商业案例，《数字化决策》简明、有力地阐明了数字化转型趋势。文卡查曼教授这本书极富可读性，具有深刻的洞察力。

亚历山德罗·马丁内斯（Alejandro Martinez）

昆泰公司高级副总裁和 CIO

这是每一位首席体验官的必读书籍。传统企业如何成功转型为一家数字化公司？文卡查曼教授出色地为我们描绘了一份实用而详实的操作指南。对于当下正在发展中的数字经济，这是一本必备的生存手册。

麦克·莱特（Mike Wright）

麦肯锡咨询公司全球 CIO

在这个越来越数字化的世界，《数字化决策》对所有致力于推动变革的人而言都大有裨益。

史蒂夫·纽曼（Steve Newman）

爱立信公司前执行项目主管

文卡查曼完美地将他作为学者和顾问的身份融入这份引领变革的路线图中，他让企业领导者放下这本书后能够马上行动起来。

布林利·N. 普拉茨（Brinley N. Platts）

CIO Development 董事长

没有万古良方，没有杀手级应用软件，文卡查曼只是对数字化技术激起的惊涛骇浪作了一番精辟的论述。这股浪潮是对每个组织的领导者的一次严峻考验。他还在书中为我们提供了一个帮助我们在未来十年中生存与发展的分析行动框架。

蒂姆·特里奥特（Tim Theriault）

沃尔格林博姿联合公司前全球 CIO

北方信托银行企业与机构服务处前总裁

《数字化决策》一书捕捉到了传统企业在推行具有颠覆性力量的数字化战略过程中所面临的种种挑战和机遇。要想在这个全新的时代蓬勃发展，领导者必须搞清楚数字化是如何改变他们的组织的。

3

本·康辛斯基（Benn Konsynski）

埃默里大学教授、博士

转型的力量冲破旧有惯例，没有任何一个公司、行业和市场可以完全不受它的影响。文卡查曼教授的这本书或许是指引我们顺利穿越这股力量的不二之选。每一位企业领导者都应该读读这本书。

巴斯卡·查卡拉沃迪（Bhaskar Chakravorti）

塔夫兹大学佛莱契外交学院国际商业与金融学院高级副院长

《快变化的慢节奏》（*The Slow Pace of Fast Change*）**作者**

在文卡查曼眼中，脸书和特斯拉不是产品分类或标准工业分类规则中定义的传统公司，因为它们善于利用数字化工具解决问题。本书描绘了一份战略路线图，让你与问题解决能手并肩而行，预测他们的下一步行动，与他们展开竞争。失去这种能力，你就面临着被踢出局的危险。

唐·布尔默（Don Bulmer）

高德纳咨询公司副总裁，壳牌公司、思爱普公司前任副总裁

文卡查曼引起了我们的紧迫感。他在书中为读者提供了一种实用而理性的方法，帮助我们评估威胁，制定具有竞争力的制胜策略。

乔治斯·爱德华·迪亚斯（Georges Edourad Dias）

Quantstreams 联合创始人和首席战略官，巴黎欧莱雅开发总监

这本书提供了一些宝贵的见解，是企业管理者冲破行业边界的必读之物。我迫不及待地想将这些想法付诸实践。

4

理查德·莱德（Richard Leider）

畅销书《目标的力量》（*The Power of Purpose*）作者

这本书指导我们完成了对上个世纪管理方式的最重要变革——组织的数字化转型。它为我们提供了一些实用的建议，让我们不仅能适应这个网络化的社会，还能成为这个时代的领导者。这是一本引人深思的好书！

马赫什·阿玛利恩（Mahesh Amalean）

MAS 控股公司董事长和联合创始人

为什么传统组织要拥抱数字化并对一些外围信号保持警惕？《数字化决策》针对这一问题提出了极为有趣的洞见。

兰杰·古拉蒂（Ranjay Gulati）

哈佛商学院教授

《再造富有恢复力的组织》（*Reorganize for Resilience*）作者

这是来自二十多年来始终身处战略与数字技术研究最前沿的学者的匠心之作，读来令人耳目一新。

本·M. 本绍（Ben M. Bensaou）

欧洲工商管理学院教授

《数字化决策》不仅仅是一本描绘和预测未来科技及其影响的书籍，它明确告诉你如何在全新的数字经济中成为一个积极主动的参与者。这是一本经得起时间检验的书。

里克·查韦斯（Rick Chavez）

奥纬咨询公司数字化实践合伙人

《数字化决策》是对企业管理者和董事会成员发出的召唤。它是新一代领导者的行动指南。

乔·古尔冈（Jo Guegan）

Canal+ 集团前战略 IT 顾问、首席技术官和执行副总裁

凯捷咨询公司前高级副总裁

这绝对是我读过的最好的关于如何应对数字化挑战的书。

奥马尔·埃尔·萨维（Omar El Sawy）

南加州大学马歇尔商学院讲座教授

文卡查曼是数字化商业战略领域的一位杰出的思想领导者。这本书一定能帮助你在未来的数字化时代加速成长！

梅尔·霍维奇（Mel Horwitch）

中欧大学工商管理学院前院长

这是一本重要而及时的书。文卡查曼以深刻的认知、清晰的案例和微妙的差异为传统企业描绘了一份不可或缺的精致路线图，从而帮助它们利用数字化技术在这个充满竞争的新时代获得成功。

克里斯·纽维尔（Chris Newell）

波士顿儿童医院学习与发展部主任，心理学博士

《数字化决策》对所有参与数字化进程的企业敲了一记警钟。医疗行业的领导者不可对此视而不见，他们必须思考如何在这个数字化程度日益加深的世界保持领先地位。

麦克·劳森（Mike Lawson）
波士顿大学奎斯特罗姆商学院荣誉教授

如果你清楚地看到了数字革命带来的挑战和机遇，你就必须弄懂这本书中提出的观点。文卡·文卡查曼向我们的惯性思维发起挑战，鼓励我们成为自己所从事领域的转型领导者。

约翰·C.亨德森（John C. Henderson）
波士顿大学奎斯特罗姆商学院荣誉教授

《数字化决策》是我们了解数字化战略的一扇窗户，其中包含了各种实用的见解，文卡查曼用他独特的方式实现了学术理论和管理实践的融合。

姜奇平
中国社科院信息化研究中心秘书长

不管你怎么看，我最欣赏这句："规模—范围—速度组合优势的一个重要特征就是向正在使用中的产品与服务学习，并让它们更好地满足个性化需求。"因为这是书中的中国冠军的经验。

魏家东
东狮品牌咨询CEO，著名品牌营销专家，《借势》作者

当我们身处数字时代，《数字化决策》这本书不仅仅是对时代的一个总结和未来的预测，更重要的是找到一些企业发展中需要注意的问题及普遍规律，当我们还在用线性的扩张发展策略时，已经有很多企业通过非线性、指数化的扩张实现企业增长，数字化已经成为很重要的商业战略，从数据挖掘到洞察，从消费认知到商业决策，推荐阅读，并反思实践！

胡兴都
国内知名营销专家，人生赢家商学院创始人

　　"战胜了所有对手，却输给了时代"，面对阿里巴巴集团的收购，大润发创始人的感叹犹在耳畔。身处第四次科技浪潮，区块链、人工智能、大数据、云计算……数字化技术愈加深入而广泛地主导这个世界，各行业的企业也早已意识到实行数字化变革的必要性，问题是怎么做。本书就是为解决这一痛点而来。

目 录 DIGITAL MATRIX

第二部分　数字化转型的三个阶段

第三部分　落实三大制胜策略

数字化生存

　　我是一名商业研究者。30 多年来，我一直致力于研究各种类型的组织，试图了解它们的运营方式、驱动它们迈向成功的因素，以及它们的缺陷所在。我从经营能力的角度分析公司，并指导它们提升到新的效率水平，以及寻求新的增长轨迹。从这个意义上说，我并不是唯一从事这项研究的人。如果不考虑营销、运营、战略及会计等职能侧重点，或经济学、心理学、社会学及计算机科学等学科定位的区别，每一位商学院教授都会对短期效率（Short-term Efficiency）和长期效能 (Long-term Effectiveness) 的问题感兴趣。

　　我与他们有所不同。我感兴趣的是，各种类型的数字技术如何以不同方式影响我们学习、教授、研究和实践的管理学。1985 年，我在麻省理工学院斯隆管理学院开始了自己的学术生涯。20世纪90年代，我有幸参与了斯柯特·莫顿（Scott Morton）教授主导的"管理学"联合研究计划，该计划获得了许多领先的商业组织和政府机构的赞助。我们的任务是解答以下问题："企业如何利用信息技术的力量实现自我转型，以及这对管理学意味着什么？"在IBM个人电脑、施乐之星（Xerox Star）工作站、数字设备公司（Digital Equipment）的迷你电脑占据主流的时代，我们已经在谈论"信息技术"（IT）或"信息系统"（IS）。IT驱动的创新包括自动柜员机（ATM）、电子邮件，以及针对特定行业、通过拨号调制解调器实现企业联网的协议和通信。

同一时期，美国《连线》（*Wired*）杂志创办人尼古拉·尼葛洛庞帝（Nicholas Negroponte）出版了一本极具前瞻性的畅销书《数字化生存》（*Being Digital*），探讨数字化技术及其可能的发展前景。

通过研究通用汽车公司（GM）、美国运通公司（American Express）、英国石油公司（BP）、美国国税局（IRS）、美国陆军如何运用这些早期创新技术，我开发出了一套框架，对IT技术推动变革的5个层面进行了概述。我当时写作的论文发表在了1994年的《麻省理工学院斯隆管理评论》（*MIT Sloan Management Review*）上，至今它仍是该刊被转载次数最多的论文之一。这篇论文的观点简单而直接：如果一家企业想要获得IT技术应用带来的效益，它就必须改变组织架构，以及企业与外部商业网络中的其他机构互连的方式。此外，虽然中层管理人员可以局部利用信息系统的优势，但高层管理者必须明白 IT 技术将如何改变企业战略的本质，即企业的经营范围、区别于其他企业的核心能力及其供应链决策。

当时的主流观点认为，IT 战略应该服从并支持既定的企业经营战略。但我和同事约翰·C. 亨德森（John C.Henderson）基于我们的研究，提出了一个新的商业逻辑。我们要求管理者进行系统性思考：IT 战略在哪些条件下支持经营战略，哪些条件下又会塑造经营战略。这一商业逻辑和支持框架、管理建议一起，构成了战略一致性模型（Strategic Alignment Model）的基础。该模型于 1993 年首次发表在《IBM 系统期刊》（*IBM System Journal*）上。1999 年，它被再次发表，并被认定为 20 世纪 60 年代至 20 世纪末有关 IT 技术思考的关键理念或"拐点"之一。

从最早的麻省理工学院斯隆管理学院到现在的波士顿大学奎斯特罗姆商学院，在科研、教学与咨询工作中，我一直探寻着商业与 IT 战略之间的交叉点。我研究航空、保险、汽车和零售业中的公司如何跨越边界与信息技术实现互联。我和约翰·C. 亨德森一道提出了合伙企业相关的理念，其中特别地将公司解释为通过各种关系网络形成的一个能力组合。

此外，我还研究软件和电子游戏"生态系统"的形成、发展及其媒体传播网络。我认为，公司具有互联性，成功的公司懂得何时将自身的核心能力与新兴的生态系统联系起来，也明白何时应该从中撤离。通过研究法国欧莱雅集团、Canal+集团、尼尔森公司（Nielsen）、IBM及其客户、微软公司、英国电信公司（BT）、太古集团（Swire）、英国石油公司（BP）、挪威国家石油公司（Statoil）、西尔斯加拿大公司（Sears Canada）、朗讯科技（Lucent）、通用汽车、默克公司（Merck）、美国陆军、联邦快递（Fedex）、Visa欧洲（Visa Europe）、爱立信（Ericsson），我对上述理念进行了提炼和验证，并开始明白这些公司如何在动态的商业网络中共同创造产品和捕获价值。

今天，数字技术随处可见。谷歌和脸书已发展成为全球品牌。打字技能正被语音指令取代；纸质的公路地图、百科全书和词典让位于在线数据库；云存储技术也让相册和CD成为历史。我们很快就能乘坐自动驾驶汽车出行，或用无人机收发货物。机器人也从工厂走进了我们的家庭、办公室和医院。数字技术的普及性和影响力已明显上升，许多企业却仍未跟上变革的步伐。30年过去了，指引我工作的核心问题始终未变：

▲ 企业如何利用信息技术的力量实现转型？

▲ 究竟是什么原因造成了某些公司欣然接受新兴数字技术，而另一些公司则始终对其怀有警戒之心？

▲ 为什么大多数公司高管凭直觉就感知到了数字技术的力量和前景，却依然谨小慎微，拒绝深度采用数字技术并更好地利用其优点？

▲ 为什么传统行业的管理者总说未来将会不同以往，但依

　然依赖于过去的经营理念？

我写本书的初衷是帮助企业管理者更认真地看待数字技术。首先，不管是谷歌、脸书、易趣和亚马逊等新兴数字化"明星企业"，以及贝宝等技术型新兴企业，还是社交网络、移动网络、大数据、共享经济和未来工作方式等重大趋势，诸如此类的书籍已是汗牛充栋，但对传统行业的企业能够做什么，应该做什么，以及如何与数字时代的明星企业和技术趋势互动等问题，我们还缺乏严肃和系统化的关注；其次，人类正处于巨大变革的临界点，除了云计算、机器人、3D 打印、机器学习、区块链算法等新兴数字技术领域的原始力量，我们还将看到这些技术如何被应用于人类的生活、工作、学习、娱乐、创新、交易和管理的核心活动中。我相信，数字化将广布人类社会的每个角落。在此过程中，成功与失败的区别就在于是否掌握了这些数字技术。

我从不以未来主义者自居，也没能力预测 2025 年的商业环境，但我相信，数字技术对各个行业的影响将更加强大、更加深刻，远不止手机应用程序和社交互动，或雇用数据科学家对大量数据进行筛选分析那么简单。为此，本书主要写给制造、汽车、采矿、油气能源、交通物流、消费品及零售、旅游与接待、制药与医疗、时尚与服饰等传统行业的企业管理者。今后，

没有哪个行业不需要用到数字技术。我在本书中提供了一个框架，帮助上述人士理解数字化商业策略，反思和质疑企业当前的商业逻辑、实践、设想和主张，从而引导企业评估变化并作出改变。无论你处于哪个层级或职位，也不管你是在一家大集团还是中小型企业，你都可以在公司的数字化转型过程中发挥重要作用。同样，身处何处也不重要。数字化是全球趋势，我们再也无法为过时的商业模式找到安全的避难所。虽然我所引用的案例可能都来自大型公司，但这主要是为了便于读者识别。请记住，在未来的商业模式中，单个企业的规模并不那么重要，更重要的是不同规模的企业如何协作，并利用数字技术的优势为客户提供价值。

希望本书能激励你更深入地探究未来发展趋势，包括下一个十年将有哪些变化，会诞生哪些令人兴奋的创新，又将有哪些错失良机的公司心碎离场。即便到了 2025 年，我们仍可能追问诸如"企业如何利用数字技术的力量实现转型"，以及"我们所理解的管理学到底是什么"。唯一的不同在于，我们那时将面临一个全新的技术环境，管理学的原则和实践也将发生改变。希望你是通过数字转型带领企业实现成功的领导者之一，也非常期待你的经历能为 2025 年我们对未来管理的思考提供基础。

数字型企业碾压工业时代企业

商界人士喜欢谈论《财富》世界 500 强企业。我们热衷于讨论这个每年发布一次的最高收益企业名单，讨论它对于整体经济的意义。我们想要梳理出经济发展趋势，并试图从中得出结论。因此，如果我告诉你，在 1955 年《财富》杂志发布的首份榜单中，只有 61 家（约占榜单总数的 12%）企业仍留在其中。这说明了什么？50 年前，一家《财富》500 强企业还可以在榜 60 多年，但到了今天，这一时间缩短为 15 ～ 20 年。这让我想起《共同基金合同细则》中的一条著名条文："过往业绩不能作为未来回报的指标。"换句话说，无论现有的商业策略多么成功，你都不能指望依赖它来帮助企业在未来市场中继续生存。如果你依然用工业时代的思维管理企业，你就正在或将很快落后于数字经济的步伐。这正是你需要阅读本书的原因。

证据显而易见。20 世纪 90 年代中期，谷歌初创时，不过是两个电脑怪才构想出的一家与搜索技术相关的创业公司。时至今日，它已成为一个价值超 5000 亿美元的全球科技品牌。亚马逊用 20 年的时间从一家在线书店成长为年销售额超过沃尔玛超市的全球电子商务零售商。同时，其在云计算服务、传媒和人工智能领域也处于领先位置。脸书一开始只是个面向哈佛大学学生的在线社交网站，现在却已是一个市值超 3000 亿美元的全球性社交网络平台。过去 10 年，该公司一直推进着品牌与消费者、候选人和投票者之间的交流对话。截至 2016 年中，这三家年轻公司（其中最长的也不过 21 年历史）的资本总规模已超过 1 万亿美元。它们的成功，正是利用了飞速发展的数字技术打造出强大的商业模式，并发展成为体量巨大、实力强劲的数字巨人。我们再来看一下这些企业在《财富》世界 500 强榜单中的位置。

▲ 脸书只用了短短 4 年时间，就从 2013 年初入榜单时的 482 位跃升至 2016 年的 157 位。

▲ 谷歌（现在的 Alphabet）在 2006 年以 353 位的名次首次进入榜单，到 2016 年已上升至第 36 位。

▲ 亚马逊 2002 年首次进入时排名第 492 位，此后一直保持稳步上升的趋势，到 2016 年已位列第 18 位。

如果按照营业收入计算，苹果、微软和IBM的排名分别为第3位、第25位和第31位。2016年8月初的一天，道琼斯指数中市值最大的5家企业分别是苹果、Alphabet、微软、亚马逊和脸书。

这些公司有什么值得我们借鉴之处？那就是数字技术对每个行业、每家公司来说都至关重要。谷歌、亚马逊、苹果和脸书从来就不是传统的IT企业，是数字技术帮助它们成长为强大的全球品牌。在国际品牌集团（Interbrand）发布的2015年度全球最佳品牌排行榜中，苹果高居榜首，谷歌紧随其后，亚马逊和脸书分别位列第10位和第23位。它们以前所未有的速度触及更多的全球性客户。

现在我们要消除两个常见的误区。首先，如果我问你："你的公司是一家数字型企业吗？"你可能会和很多企业高管一样，很快给出否定回答，并表示自己的公司最多也就是家医疗公司、运输公司、酒店服务公司或时装公司。之后，我再问你："如果你的公司不是数字型企业，那什么样的公司才是？"你还是很可能会像其他人那样说"高科技公司"，比如谷歌、亚马逊和脸书，或者苹果、阿里巴巴和美国电话电报公司（AT&T），甚至爱彼迎（Airbnb）、优步（Uber）、推特（Twitter）或Fitbit等初创企业。你或许觉得数字技术与自己的关系越来越密切，但还没到不可或缺的程度。我再重申一次，当今时代，不论身处何处，数字化对任何企业、任何行业都至关重要。数字技术无处不在，但大多数企业高管对数字技术能够以及将要带来的转型并不了解，准备得也很不充分。

最高收益企业无不拥抱数字技术

我们正处于数字化转型的早期阶段，无法获知未来会变成什么样子。技术人员喜欢谈论即将诞生的最新潮或者最伟大的科技。毫无疑问，手机、社交、云和认知科技早已充斥我们的世界，3D打印、机器人、区块链、人工智能与增强智能、无人机、纳米技术和虚拟现实等技术也将加入此列。这些技术有些已被我们掌握，有些即将面世，还有一些也将在几年或数年后成为现实。我可以很肯定地说："数字化正在吞噬整个有形的工业世界。"

以《财富》世界500强或其他榜单为代表的商业排行榜将越来越受到数字技术的影响。但本书并不打算讲述技术本身的演进过程。如果说我从自己的研究、教学和咨询工作中学到了什么，那就是：只有当企业改变了自身的组织架构——公司结构、流程、决策权、企业间关系、资源分配逻辑，以及激励和奖赏机制，企业才能从新的数字化技术中受益。无论这种技术多么强大，仅仅将其叠加到现有的组织架构中是没用的。我所说的数字化转型，是指拥抱一种全新的商业基础架构，这种基础架构结合了我所说的"强大的计算能力、无所不在的连通性和有效的云技术"。我们看到：计算能力呈指数增长的同时成本却在不断下降（摩尔定律[①]）；随着规模的扩大，网络的价值也在增强（梅特卡夫定律[②]）。此外，随着云计算技术的应用，人类还能以更可靠的方式、更低廉的成本传输更多数据（吉尔德定律[③]）。这三股力量同时发力，造就了新的商业基础架构，而这正是你的企业必须适应的新现实。因此，你的任务已不仅是实现传统制造业和管理流程的自动化，还包括利用数字技术了解和解决客户的关键问题，打破传统企业的行业界限，并与行业内外的公司开展合作。

跨国电信企业爱立信前首席执行官汉斯·卫翰思（Hans Vestberg）常挂在嘴边的一句话是："在网络化社会中，一切受益于互连的事物都会被创造出来。"我要重申的是，在不久的将来，任何受益于数字化技术的产品、流程、服务和商业基础架构都会变成现实。作为企业领导者，你不一定要成为每个技术领域的专家，但必须具备必要的敏锐力，了解不同技术的运用将对你的商业模式构成哪些挑战，即这些技术会使你的收入和利润来源发生怎样的改变。除了思考如何利用数字技术为当前业务提供支持，企业管理者更应关注如何利用数字技术制定未来的战略和商业模式。要做到这一点，需要对如何利用技术开

---

① 摩尔定律，指 IC 上可容纳的晶体管数目，约每隔 18 个月便会增加一倍，性能也将提升一倍。——译者注。如无特殊说明，以下注解皆为译者注。
② 梅特卡夫定律，指网络价值与用户数的平方成正比。网络使用者越多，价值就越大。
③ 吉尔德定律，指最为成功的商业运作模式是价格最低的资源被尽可能地消耗，以此来保存最昂贵的资源。

发优势和建立数字化合作关系进行广泛检验和审慎评估，从而找到革新性方法来创造和捕获商业价值。

数字化转型升级的四个陷阱

要搞清为什么现在就应关注数字化，我们首先必须从一个更加广泛却非常核心的问题开始："为什么成功的公司会走向衰亡？"我相信，这个问题的答案能够提供部分原因，正是这些原因限制了公司识别数字化趋势带来的机遇和挑战。我把这些原因统称为"成功陷阱"，因为它们都是工业化经济体中，个体自由竞争和以传统商业模式壮大企业的策略。

竞争力陷阱

要打造企业核心竞争力，首先要获得一套有形资产，吸引一批有知识、有技术的人才，然后创造出自己的产品，再通过合理的治理手段搭建公司的组织架构。核心竞争力会围绕其构建的组织策略、组织结构和组织系统而逐渐完善增强。它决定了一家公司的盈利方式，是区分不同公司的手段，也是客户愿意为某个特定产品或某项具体服务支付溢价的原因。随着时间推移，竞争对手模仿这些能力的难度加大，于是它们便成为决定企业未来业绩的核心竞争力。其所带来的结果是，由于当前的商业模式十分有效，企业领导者会一直采用既有的商业模式。我们很少质疑核心竞争力是否或者何时会走到尽头，即是否会有那么一天，客户不再看重你的核心竞争力，从而导致企业的利润下滑。

以黑莓和诺基亚为例。2007年，黑莓公司认为其生产的手机最适合公司管理人员使用。这款手机配有可收发电子邮件的通讯程序，并优化了软件以适应有限的网络带宽，电池性能也提升到满足长时间使用的需求。几乎在同一时期，诺基亚公司也推出了具有短消息服务（SMS或短信）功能的手机，凭借自身的全球影响力，它认为这款手机必将取得成功。这两家公司都是各自领域的领导者，然而，在苹果公司推出了iPhone之后，黑莓手机和诺基亚手机都变成了过时的产品。这两家公司的问题就在于它们过于依赖以往的竞争力。未来，将会有更多的公司陷入类似困境中，尤其是在数字化转型时期。

本书提供了一些方法，帮助你跳出现有的竞争力格局思考问题，并在即将到来的数字化时代谋得一席之位。

生态系统陷阱

每家公司都会与其供应链上的合作伙伴、技术提供商、关键营销伙伴、各类技术研发创新公司，以及其他许多相关方形成各种关系网络。这些网络建立于日积月累增加的信任和复杂的谈判之上。许多公司还会建立特定的组织流程，以最大限度地加强这些关系，从而增强其核心竞争力。这样一来，企业就始终与相同的供应商和合作伙伴绑在了一起。它们很少思考，

13

是否存在其他能为公司带来更高价值的关系网，尤其是当这些关系网与现有格局发生冲突或造成挑战时。然而，对数字化时代的公司而言，这样的关系网十分重要——你需要同时依靠传统竞争对手、高科技初创企业和大型的数字化企业。我们把这种公司网络称作生态系统，它以一种完全不同于传统企业的、全新的协作方式彼此合作、相互竞争。

以微软公司为例，20 世纪 90 年代，比尔·盖茨运筹帷幄，缔造了微软在个人计算机生态系统中的主导地位。通过与三星、HTC、索尼和东芝等硬件制造商建立的强大关系，微软实现了"让每个家庭的每张书桌上都有一台电脑"的梦想。

随着英特尔芯片的功能日益强大，电脑的运行速度也越来越快，微软公司十分注重对这一生态系统进行微调，以适应其开发的新版软件。随后，摩托罗拉和诺基亚推出了移动电话，而苹果公司研发出了智能手机——实际是一种几乎可以随处使用的手持电脑。尽管盖茨的继任者史蒂夫·鲍尔默（Steve Ballmer）也与新兴移动生态系统中的某些企业建立起了各种关系，但他并未认识到一个移动操作系统构成的生态系统价值。他和微软公司只关心如何维持现有的关系网络，而错失了移动时代的良机。

本书将告诉你如何构建和培育跨越行业边界的生态系统，特别是你所在的采矿、农业、医疗、运输等传统行业与数字技术发生冲突时。

人才陷阱

每家公司都在努力寻找、培养和管理最优秀的人才，并从他们的专业技术中获取价值。这是一项非常复杂的工作。为了实现卓越，需要具备深厚的专业知识；为了适应不断变化的环境，又得差异化。要在这之间取得平衡，就更加复杂了。其结果是，公司只会雇用能满足现有岗位需求的员工，而不去发现未来数字化时代所需的人才。它们很少关注数字化商业素质的培养，也不引进具有足够视野和技能的人才，以便其指导和实施数字化转型所需的流程和架构。

以摩托罗拉公司为例。这家最先发明出移动电话，还与苹果公司合作将 iTunes 整合到手机上的企业，为何错过了智能手机的创新？摩托罗拉转型时期的掌门人爱德华·詹德（Ed Zander）曾说自己预见了智能手机时代的到来，但"摩托罗拉不具备理解相关移动软件的基因和人才"。他的麻烦在于只能依靠一支僵化的人才队伍：硬件工程师不可能一夜之间就转变成软件工程师。全球管理咨询公司麦肯锡公司在 2015 年开展的一项调查显示：公司管理者认为实现数字化目标最普遍的障碍是人才和领导力的缺乏。

通过阅读本书，你将了解到个人如何借助强大的机器，创造出反映数字化时代要求的全新的公司组织形式。在数字化时代，各个层级的数据和数据分析将成为企业成功的核心与关键。

指标陷阱

成功的企业都由指标驱动。这些指标往往是与效率、质量、成本和利润相关的量化标准。员工绩效也通过一系列的指标来衡量，每一个管理者、团队和组织单位都必须达到某些具体目标。我发现，一个公司的大部分指标关注的都是市场份额、单位销售额或客户利润率等短期绩效表现。这当然没什么问题，只是缺少对数字化转型及创新的长期考量。短期指标强调对近期事件的关注，侧重于稀缺资源的分配方式和分配方向上的增量变化。举例来说，如果把市场份额作为最重要的目标，那么企业在开展并购活动时就会倾向于传统意义上的行业内熟悉的公司，而非有可能促进企业更新能力的数字化公司。要是汽车公司更关注"人均行驶里程"，而不是"汽车销量"，它又会如何设计自身的商业策略呢？

20 世纪最举足轻重的管理学家之一爱德华兹·戴明（Edwards Deming）说过："无法测量就无从管理是错误的说法，这个错误认知的代价巨大。"社会学家布鲁斯·卡梅伦（Bruce Cameron）也曾表示："并非所有可量化的东西都重要，也并非所有重要的东西都可量化。"

本书将告诉你如何使用那些微妙而且导向正确的指标。作为企业转型的一部分，你可以利用这些指标成功测试新的数字化技术。

就其本身而言，以上这些陷阱并非数字时代独有，但深陷其中只会让你的企业保持现状，停滞不前。实际上，你的公司很可能就存在一个甚至多个"成功陷阱"，它们将成为企业转型的阻碍。认识到这一点是企业转型的第一步。重写你的企业手册则是重新发现企业未来价值的第二步。本书将帮助你培养一种数字化视角，克服成功的障碍，让你的商业模式适应新的现实环境。

2025年，数字化将占据企业核心位置

如果我现在问："你的企业正变得越来越数字化吗？"你很可能会说是的。但这并非问你是否在企业中实施了大量数字化改革，而是问你的企业是否已经受到，或即将受到各种数字化技术的影响。具体说来，包括以下几点：

▲ 大数据、数据分析和人工智能影响着你的业务流程和重大决策。

▲ 社交网络塑造着你的客户的行动方式、互动方式和消费方式。

▲ 向个人消费者和企业客户提供服务时，移动应用程序和云计算是你的必要工具。

▲ 物联网通过各种传感器和软件，把你的所有产品连接到更广泛的机器网络和云上。

▲ 机器人、无人机和 3D 打印是你的供应链演变的关键驱动因素。

▲ 认知算法和机器人技术影响你重塑未来业务的看法。

现在想想你的企业符合上述哪几条特征。每家企业（包括你的）都至少应具备一条特征。我也确定，越来越多的特征将适用于企业。2025 年日益临近，与大多数公司一样，数字化将占据你的企业中的核心位置。

假设你拒绝拥有上述所有特征，那么你的竞争对手中是否有具备这些特征的公司？它们与你的看法为何不同？这可能会让它们具备哪些优势？为何你不愿拥有这些优势？

我们之所以一眼就能看出谷歌、苹果、三星和 IBM 是数字化公司，是因为它们提供了数字化的产品和服务。特斯拉、优步、推特和爱彼迎的数字化属性也十分明显，它们通过数字化设备和交互技术提供产品与服务。但约翰·迪尔（John Deere）和德国宝马同样也属于数字化企业，它们重新塑造了自己的产品，并将其视为各自领域的数字化生态系统的一部分。读到本书的末尾时，你还会很自然地把通用电气、飞利浦、惠而浦、罗克韦尔和博世归为数字化企业，而非工业企业。

此外，你将开始接受这样一种观点：通过掌握药品与不同患者的交互数据，默克、辉瑞和诺华等制药公司提升了自己在传统医学领域的竞争力，为患者的健康保健提供了更大的价值。

由此可见，每个行业都面临着一个数字化未来。我们甚至可以毫不夸张地说，每家公司都面临着一个数字化未来。

今天，我们正处在一个"拐点"。行业、竞争和组织等传统概念逐渐失去意义，而划分数字技术价值的新标准又尚未出现。那些经过工业时代检验和完善过的战略及管理方面的旧规则似乎不再有效，但新的管理规则、价值创造与价值捕获的规范又尚未建立。诞生于后工业时代的数字化企业纷纷崛起，它们的管理原则及实践与工业时代的企业已截然不同。

为帮助读者更好地了解未来极有可能影响企业发展的各种力量，我创造了数字化矩阵（The Digital Matrix）这一管理框架。通过选取从传统的工业时代成长起来的知名公司，我在这一有利视角下对数字化转型进行了探讨。或许你现在就在这样一家公司，它的发展已步入关键的十字路口。但我不打算区分员工在公司内的职能和级别高低，因为不论担任什么职位，你都可以在公司的数字化转型过程中发挥重要作用。

企业必须转型，但你不知道在什么时候、以什么样的方式摒弃那些经过实践检验的商业模式和做法。

在本书第一部分，我会阐述数字化矩阵的运作方式，并介绍在新的生态系统下，三类竞争合作的参与者。同时，我还会探讨数字化转型的三个不同阶段。

在第二部分，我将详细地讨论这三个转型阶段，以便让你定位所在行业和企业自身所处的位置，以及了解数字化转型将为你带来的机遇和压力。

在第三部分，我将介绍三种利于成功的方法：首先是如何避免在动态的生态系统中迷失方向；其次是如何与不同公司合作，共同打造新能力并创造新的商业价值；最后是如何进行组织架构设计，以反映全新而强大的人机交互模式。这些方法偏离了植根于机械工程的工业时代法则，展现的是基于计算机科学的全新管理原则。

在本书的第四部分，你将亲自为你的公司制定 9 条数字时代的发展战略，它们将形成公司"规则矩阵"的基础。

改变并非易事，却无法避免，这是企业生存和成长的必经之路。不论你的公司是不是《财富》世界 500 强企业：

▲ 你对公司长远的成功抱有信心吗？

▲ 你是否看到前文中提到的"成功陷阱"的迹象？

▲ 你的企业是否具备了应对数字化转型的心态和能力？

无论你目前身处数字化转型的哪个阶段，有了数字化矩阵及其形成的规则矩阵，你就拥有了一套系统化的指导方针来理解这一过程及其形成的新规则，并评估你的选择，同时为企业的短期和长久成功作出严谨决策。

通过阅读本书，你将对各种数字化转型有所了解，从而避免在这一重要的转型过程中迷失方向。现在，接受你作为转型领导者的角色，带领你的同事去认识和应对数字化吧！这是你的企业在这一重要时期取得成功的关键所在。

第一部分
数字化运作席卷全球商业

苹果公司在 2001 年还是众多售卖个人电脑的公司之一，但 2011 年便成为音乐与通信产业的主导企业；谷歌凭借搜索领域的霸主地位，一举跃升为移动互联网（安卓系统）和网络媒体（YouTube）领域的领先企业，并在短短 10 年内成功打入汽车和医疗产业；亚马逊仅用 20 年时间就从一家售卖电子书的公司成长为云技术领域别人难以企及的巨头。它们都是如何做到的？

数字时代的公司直接用数据和数据分析的核心竞争力精准预测消费者需求。百度、滴滴、今日头条、腾讯及阿里巴巴等公司利用机器学习和人工智能技术，采集、筛选、分类和分析了海量数据，然后以新研发的产品和新开拓的市场扩大经营范围，甚至进入与主业弱相关的行业。

第1章
野蛮生长的数字化公司

"绝大多数汽车都不会随着驾驶时间延长而日趋完善。相比之下，特斯拉 Model S 的车速却越来越快，同时也变得更加智能和优质……实际上，就在你呼呼大睡之时，它也没有停止性能改善的步伐。当你醒来时，Model S 扩展的功能、提升的性能，以及改良的用户体验，会让你感觉在驾驶一款新车。我们要以人们意想不到的方式推动汽车的发展。"

这听起来有点像科幻小说，但这就是正在发生的事实。特斯拉一直致力于电动汽车和无线软件技术的升级研发。与 Alphabet、苹果、亚马逊和脸书等公司不同，特斯拉或许还未进入《财富》500 强榜单。但相同之处在于，它们都是诞生于数字化时代的公司，或者说，在数字化过程中，它们都以我们从未见过的速度扩大经营规模和范围，迅速地成长起来。它们已开始对你的行业造成影响，并毫无疑问地将在下一个十年里产生更多影响。

非线性、指数化 VS 渐进式、系统性

在工业时代，企业通过提高产品销量实现规模扩张，并由此增加市场份额。这是一种线性的扩张方式，取决于企业获取实现增长所需的物质资源、人力资源和金融资本。可口可乐公司的全球扩张策略，以及沃尔玛公司将连锁店从美国开到全球各地的过程就属于这种方式。

某些公司通过增加现有产品线和引进新产品线来实现扩张。例如，宝洁公司通过收购象牙牌沐浴露、帮宝适纸尿裤和吉列剃须刀等品牌，实现了在家用产品上的稳步扩张。但通过这种方式扩展经营范围的速度非常缓慢，往往需要投入大量财力、人力。稳步、渐进式地寻求经营规模和范围的扩张，只是一种曾经成功的商业策略。

数字化企业的扩张方式和扩张速度与工业时代的企业大不相同。它们摒弃了线性的发展模式，在非线性、指数化的扩张方面展现出显著的优势。

由此，数字化企业开始运用数字化技术赋予的新能力影响各个行业。因而我们需要在规模、范围和速度所构建的关系网中找到自身企业的定位。关于这一点，我相信数据比言语更有说服力。

谷歌、优步和爱彼迎式增长

1999 年，谷歌公司共处理了 10 亿条搜索查询；到了 2012 年，仅此一年的搜索量就达到 1.2 万亿次；2014 年更是增加到 2 万亿次。2008 年时，谷歌公司还未涉足智能手机领域，但截至 2015 年底，使用谷歌开发的安卓 3.0 操作系统的智能手机已经超过 15 亿部。这就是谷歌公司在搜索和智能手机领域的非线性指数化扩张。如果将 YouTube 计算在内，谷歌公司的用户数就已超过 10 亿人（约占全球网络受众的三分之一）。过去三年，YouTube 用户的观看时间以每年 50% 的速度增长。

2011 年，优步司机还只是个小众群体，但到 2015 年底，优步司机的数量达到 30 多万人，在 2014 年 15 万人的基础上翻了一倍。2015 年 12 月 30 日，优步完成了对其第 10 亿位乘客的服务，创下历史新高；而仅 6 个月后，这一数字就变成了 20 亿。2016 年初，优步的网约车业务已进驻 7 个国家的 400 多座城市。与此相比，根据《出租车概况》（Taxicab FactBook）的数据，在打车服务备受欢迎的纽约，2014 年乘坐黄色出租车的人数仅约为 1.75 亿人次。曾经炙手可热，用于管理出租车司机的纽约出租车牌照也在不断贬值中。

或许将传统型公司（我称之为"在位企业"）与同类的数字化公司进行对比后更能说明问题。举例来说，截至 2015 年，老牌的万豪酒店集团在全球范围内的可用客房数量约为 76 万间；

而创立于 2008 年的在线预订住宿服务提供商爱彼迎在 2011 年时已经拥有了 5 万套房源，2014 年，这一数字增长了 10 倍，达到 55 万套。此后，爱彼迎的房源数量持续增长，到 2016 年初时又增长了 4 倍左右，总房源数量达到 200 万套，覆盖 190 多个国家。

在零售行业，沃尔玛发布的报告称其 2015 年的顾客总数为 2.6 亿人。同年底，沃尔玛的主要竞争对手，成立不过 20 年的全球最大的在线零售商亚马逊记录到的活跃客户为 3.04 亿人。在这 20 年中，大多数亚马逊的电商竞争对手要么消失不见，要么沦为更小型的企业或"利基企业"（Niche player）。在工业时代，数个大型零售商凭借自身的区位优势和差异化商品还能够和平共处，但数字化时代的零售业似乎青睐于一两家大型企业，同时存在着数不胜数的细分型"利基企业"，这种现象被称为"长尾效应"。

在 19—20 世纪，铁路和电报降低了人们的交通和通信成本，当时的成功者是拥有组织能力的企业。要发挥规模效益的作用，这种能力必不可少。它们投资批量生产所需的资产设备，组建本地和全球性的营销、分销网络。此外，它们还构建起规范的组织结构和管理体系，以充分利用规模经济的优势。用历史学家阿尔弗雷德·钱德勒（Alfred Chandler）的话说，20 世纪的现代工业企业善于利用规模经济，它们崛起的关键在于"对生产设施、销售系统和组织管理三合一的投资"。

　　我喜欢用麦当劳的例子来说明 20 世纪领先企业的线性增长。你可能还记得那个竖立在每家麦当劳餐厅门口并定期更新的广告牌——"已超过 XX 人在麦当劳用餐"。这个数字从 1955 年的 100 万增长至 1963 年的 10 亿，并于 1994 年 4 月 15 日突破 1000 亿人次。我曾在 1994 年看到过"已超过 990 亿人在麦当劳用餐"的广告牌。此后，麦当劳将所有广告牌文字改为"麦当劳已为亿万消费者提供服务"，并固定为这句话。为什么呢？因为它不再记录购买汉堡包的人数，而改为计算配送到所有门店的汉堡包数量。

　　这就是差别所在。优步、爱彼迎、网飞及谷歌等数字化时代的公司在运营中收集了大量详细的运营数据。如今，谷歌公司数据库中的搜索词条已达数十万亿条，并同样适用于谷歌的移动平台；优步将其收集的 10 多亿人次的网约车服务数据用于优化自身业务，这是传统出租车公司想都不敢想的事；网飞公司对其客户的观影偏好了如指掌，而传统的有线电视公司对此望尘莫及，它们的运营模式决定了它们从一开始就不具备收集、处理和分析此类数据的能力；爱彼迎随时掌握着宾客的入住地点、时间和天数等信息，而这是传统连锁酒店从未做过也无法做到的；与沃尔玛相比，亚马逊对消费者购买习惯的了解更加详细而具体。

　　最重要的是，在数字化时代，如果你仍然以产量或销量定义企业规模，认为销量超过直接竞争对手就表示拥有更大的市场份额、更低的单位成本和更丰厚的利润，并将此视为企业经营的根本，你就有可能陷入规模劣势之中。

苹果、安卓和亚马逊式扩张

苹果公司在 2001 年还是众多售卖个人电脑的公司之一，但 2011 年便成为音乐与通信产业的主导企业；谷歌凭借搜索领域的霸主地位，一举跃升为移动互联网（安卓系统）和网络媒体（YouTube）领域的领导企业，并在短短 10 年内成功打入汽车和医疗产业；亚马逊仅用 20 年时间就从一家售卖电子书的公司成长为云技术领域别人难以企及的巨头。它们都是如何做到的？

第二次世界大战结束以来，许多企业将核心业务延伸到周边领域。例如，肉类加工厂将生产过程中产生的副产品制成皮革、肥皂和肥料，本田汽车公司把核心发动机技术运用到摩托车、汽车、割草机和航空发动机。到 21 世纪末，通用电气公司（GE）除了销售其擅长的家用电器外，还涉足航空发动机、娱乐产品（入股美国 NBC 环球公司）和金融服务等与其主业毫不相干的产品及服务。当时，许多企业开始走多元化发展道路，这大大偏离了它们的核心市场。例如，起初只是一家飞机制造企业的美国联合技术公司和原本只是一家电信公司的国际电话电报公司，它们在资本市场遭遇重挫后又回归主业，剥离了非核心的业务。

传统公司以渐进式、系统性的方式扩大经营范围，在新地区、新的细分市场试水和扩展核心竞争力，或逐渐向核心产品线中加入新产品和新服务，如汽车公司扩展到金融服务业、保险业和远程信息技术等领域。数字时代的公司则直接以数据和数据分析的核心竞争力精准预测消费者需求。谷歌、优步、网飞、爱彼迎及亚马逊等公司利用机器学习和人工智能技术，采集、筛选、分类和分析了海量数据，然后以新研发的产品和新开拓的市场扩大经营范围，甚至进入与主业毫不相关的行业。这类数字化公司可以随时随地跟踪消费者的反应，并据此迅速作出调整。因此，它们具有规避各类风险的能力，并利用成功案例实现指数增长。

因此，如果你的经营理念依然是仅在本行业或相邻行业实现扩张，而且仅专注于与既有核心竞争力相关的产品和服务，你就有可能失去经营范围优势。此外，如果你认为自己的企业只容易受到相邻行业中领先企业的竞争冲击，那么你的视野就太过狭隘。

脸书、黑客和特斯拉式速度

你一定听说过脸书首席执行官马克·扎克伯格（Mark Zuckerberg）的名言："快速行动，破除陈规……如果你没有颠覆陈规，那说明你动作还不够快。"这就是数字时代人们所理解的速度。这并不意味着我们要不计后果地追求速度，而是要持续地改进和迭代，即扎克伯格所说的"黑客之道"（Hacker Way），因为"黑客们相信事情始终存在改善的空间，世间不存在绝对完美的事物"。出于同样的前提，谷歌公司在开放的环境下研发产品，每天或每周为产品增加新特性，并密切追踪用户体验。这种即时反馈将用户变成值得信赖的共同开发者。特斯拉公司以无线软件的更新来维护和升级汽车。作为数字化企业的一个关键属性，这又是"速度"的另一种形式。

工业时代，企业争相锁定土地、机器，以及生产和运输渠道等有形资产。传统意义上的"速度"，指的是相对于行业内其他竞争对手，某个企业对行业变革作出反应所花费的时间。波士顿咨询集团的乔治·斯塔克（George Stalk）在其 20 世纪 80 年代末的著作中写道："相比同行业竞争对手，能更快满足客户需求的企业增长更快，盈利能力更强。我们认为，对于美国企业，时间是未来十年中最强大的竞争武器和管理工具。"按照这种观点，相对于传统行业定义中的其他竞争者，速度将让你的公司获得先发优势。

换句话说，企业在市场中的加速能力取决于公司在产品设计与开发、制造与供应链同步等方面的速度。此外，公司信息技术部门应加快后台运行进程，更新替换老旧的系统和过时的设施，以便为新产品部门提供支持。在这些互相关联的进程中，最慢的一个决定了企业扩张的速度，但只要你的竞争对手处于类似的状态，它就不具有破坏性。

如今，借助云技术和手机应用程序，数字时代的企业得以通过新的服务手段决定为客户服务的速度。加快后台运行进程和传统竞争者展开竞争，调整交付速度以达到数字化时代的公司标准，如果你还坚持认为速度意味着第一个打入新市场的人，而并非最先抓住机会的人，你就已处于速度劣势。

迎接新兴时代的升维竞争

工业时代，公司的经营规模、经营范围和经营速度各自为政。规模决策往往由各业务单位内部负责，在根据可用资源、有机增长和并购进行扩张前，它们首先会寻求以最小的可行经营规模来保证生产和分销效率。经营范围决策则与企业战略有关，且通常涉及兼并、收购与合资。经营速度往往反映进入市场的速度，它决定了一家公司与特定行业内其他竞争者发展速度的相对快慢。作为一家传统行业的在位企业，你已经对如何利用行业内的规模、范围和速度优势了如指掌。与传统竞争对手相比，你可能已经具备了其中一种或多种优势。

在行业的数字化转型过程中（有时是渐进式转型，有时是快速转型），上述三个维度在企业中紧密相连。经营规模和经营范围依然是企业战略目标的决定因素，同时它们也回答了以下问题：企业属于何种类型？企业的规模有多大？快速扩大规模不仅会带来先发优势，还会带来速度优势。如果传统企业发现自身的转变和应对转变的速度慢于新兴公司，当前优势就将受限于企业的内部组织流程和组织体系。不断变化的经营规模同样反映着速度优势，这不一定体现在推出新产品，还体现在利用稀缺的关键资源，如独有的互联数据、专利技术、人才或项目研发（通常是与他人合作的项目）。

你的企业是否具备竞争能力并在数字领域取得成功，不仅取决于与其他转型企业的较量结果，还取决于你与新时代下以颠覆和改变你企业所在行业为目标的公司一争高下的表现。那些能够最大限度地综合发挥自身规模、范围和速度优势的企业就有能力获得数字时代的显著优势。首先，利用数据、分析学和连通性，你可以将经营足迹扩大至公司核心边界之外，进入一个更大的生态系统；其次，有了传感器、软件和连通性，你就具备了采集数据和处理信息的能力，就可以工业时代难以实现的方式学习知识。

利用生态系统优势创造利润

工业时代的规模优势来自企业掌控的资产和生产的产品，而数字时代的规模优势则是各个互补的合作方构成的生态系统的一部分。福特汽车公司和通用汽车公司的经营规模取决于各自生产的汽车数量，但优步的经营规模则取决于其全球网络或其进驻的 400 多座城市当地所拥有的网约车数量；诺基亚的经营规模取决于其在全球范围内生产、销售的手机数量，而对于安卓手机操作系统的缔造者谷歌公司而言，其规模优势则取决于谷歌生态系统中硬件合作商生产的安卓设备数量，以及开发人员针对安卓操作系统开发的应用程序数量。工业时代，经营规模是一家企业利用其所掌控的资产从事经营和生产活动的结果。而在数字时代，除了自身的生产活动之外，经营规模还包括企业与所在生态系统中的合作伙伴共同达成的目标。因此，企业要深度挖掘所在生态系统赋予的规模优势。

和规模优势一样，数字时代的范围优势也来自作为生态系统的一部分。工业时代与数字时代之间的区别在于：在工业时代，一家公司的核心业务领域与相邻领域之间的联系要非常紧密，这样客户才会接受；而在数字时代，作为核心领域的数据具有无限的延展性，因此，从事数据采集的公司可以更便捷地将这些数据运用于各种平台，如移动终端平台。凭借 iOS 系统和安卓系统，数字化巨头苹果公司和谷歌公司可以通过不同的应用程序一步步地扩张经营范围。苹果支付和安卓支付等应用程序在商户和银行的支持下也创建了一个生态系统，使得苹果与谷歌的母公司 Alphabet 有能力进入表面看来似乎与其毫无关联的零售金融领域。但它们涉足此类业务的原因各不相同。苹果公司的目的是提高其智能手机和智能手表的使用率，同时明确表示不会利用这类交易的相关信息；而谷歌则旨在利用这类信息更加精准地投放广告。因此，企业应充分利用所在生态系统的范围优势。

工业时代，一家公司只要首先进入某个新市场，它就能获得先发优势。而在数字时代，生态系统中的每个公司都不得不以基本相同的速度前进。既然你的公司不可能具备所有能力，你就必须依靠生态系统。这就像一支参加接力赛的队伍：虽然一位跑手的失败就可能毁掉整个生态系统的游戏，但仅有一位赛跑高手无法帮助整个队伍赢得比赛。换句话说，关键的技术和能力或许能提升你加入某个生态系统的概率，但保持速度乃至加速的能力才是最重要的决定因素。过去十多年，索尼游戏机（Sony Playstation）一直非常成功，原因就在于其持续改进性，这调动了游戏开发人员的积极性。因此，企业要懂得构建关系网，并利用生态系统的速度优势创造利润。

我们将就如何与不同生态系统建立联系，并利用各种优势制定制胜战略这一问题展开详细探讨。

借助数据分析优势改进产品

"规模—范围—速度"组合优势的一个重要特征就是向正在使用中的产品与服务学习，并让它们更好地满足个性化需求。那么我们如何看待数据采集呢？虽然工业时代的公司也收集一些能够反映经营效率的数据，并分析这种粗略聚合的数据。但数字化公司则是持续地记录各种带有详细属性的数据，同时利用新工具对其进行分析，从而识别出客户的偏好模式，并据此微调企业战略。

例如，为了确定汉堡包的销量，麦当劳公司记录了运往各地的汉堡包肉饼数量。相反，利用应用程序和"忠诚度计划"，星巴克除了能够了解咖啡的销量，还能知道每位客户购买咖啡的时间、地点、口味偏好，以及每笔交易的消费金额等信息。

在不同的条件下，产品的表现也不尽相同。之前，无论是田野中的拖拉机、飞行中的飞机，还是行驶中的汽车的发动机，再或是家中的洗衣机，无论你在实验室中进行了多少次实验，也不足以了解它们在现实使用条件的真实表现。但现在，企业几乎可以实时大规模监控（甚至远程监控）不同地点的产品。相比过去，它们有更多机会了解、改进产品，乃至在造成广泛影响前纠正产品错误。企业有必要大规模地收集产品反馈和早期预警信号。

工业时代的公司通过向相关产品或市场进行渗透达到扩大经营范围的目的。它们依据其他公司遵循的预先设定的模式，以及市场调研的分析数据和其他粗放数据制定扩张决策。而数字时代的公司使用分析软件就能实际预测那些低效的领域，并向看似毫不相关的领域扩张。

以通用汽车公司为例，借鉴了苹果、谷歌、微软及其他类似公司的模式之后，它开启了一项新的使命，即将软件、应用程序、数据和分析工具运用到建筑、电力、工业运输和医疗保健四个领域。谷歌公司基于数据分析的工业互联网 Predix 平台，能够预测行业内，以及行业之间存在重大低效问题的领域，并以更好的方式解决这些问题，甚至好于其自身客户的解决方式。此外，现在我们不仅能收集有关自身产品的数据，还能了解不同公司的产品如何协作解决客户问题。例如，医疗领域的公司可以在大范围的患者人群中，监测其医疗设备或药品与其他治疗方法间的相互作用。在适当保护患者隐私和安全的前提下，所有提供产品或服务的医疗公司都能从数据中获取有用信息，从而让产品适应不同的患者、具体的治疗方案和其他任何变量。同样地，亚马逊、谷歌、苹果和脸书等公司也有机会接触到客户信息，并用于建立自身的学习优势。要向使用互补产品的用户学习，积极改善产品关键特性。

在工业时代，公司启动一项实验前会花大量时间确定详细的实验目标，制定妥善的实验要求。而数字化时代的公司只要有一群充满激情的人就够了，它们在反复尝试、修改、失败、成功、学习和适应的过程中完成项目。"迅速地失败"并"以此作为支点"，通过数据快速学习，改进原型产品，充分考虑客户反馈；围绕细分市场、渠道、收入流、伙伴关系和价值主张等不同维度进行改进。每一次互动都是一次采集产品数据和系统数据的机会，因而它们可以快速地放弃旧思想，接受新思想。这并不是说它们想要一味地盲从照搬，而是为了在更深层面上进行学习。

在"规模—范围—速度"的关系网中，企业的终极竞争力体现在学习能力，以及充分利用所在生态系统的规模和范围上。举例来说，网飞公司以机器学习、逻辑分析和 A/B 测试（对比同一产品的两种不同版本）打造个性化的视频推荐系统。了解你所设想的有效性，同时基于结果快速迭代，迅速地完成这一过程，你就可以重新定义关键领域的有效假设；或者像精益创业专家埃里克·莱斯（Eric Ries）反复宣扬的那样，"通过开展实验……测试头脑中的每一个元素"，科学地验证你的学习方法，通过"构建—测量—学习"加速反馈循环。总而言之，企业应借助数据与分析从实验中学习。

掌控"规模—范围—速度"是战略要求

向生态系统学习是一个持续的过程。在扩大企业的规模和经营范围的同时，生态系统也让你获得更多学习机会。"规模—范围—速度"交织形成关系网并从中诞生出一个新的焦点，那就是对"非线性指数成长轨迹"的关注。在行业数字化和指数化发展的过程中，对转型变化的掌控能力是一项重要而全新的战略要求。

举个例子，雷·库茨魏尔（Ray Kurzweil）是一名作家和未来学家，同时也是谷歌母公司 Alphabet 的员工。他相信"加速回报定律"，即个人电脑和智能手机性能的指数增长会带来加速的回报。他追踪了过去 110 年来不断加快的科技演变过程——从"1890 年美国人口普查局使用的机械装置到 1937 年用于破解纳粹德国埃尼格玛密码的图灵计算机，再到成功预测艾森豪威尔 1952 年当选美国总统的电子管计算机，以及早期太空发射时所使用的晶体管计算机（20 世纪 60 年代）和集成电路个人计算机（20 世纪 80 年代）"。放眼未来，计算能力的指数增长还将延伸到与物联网、嵌入衣服和鞋子的可穿戴设备、医疗保健设备、无人机、3D 立体打印、机器人和汽车等相关的设备领域。未来十年，这类功能强大的网络设备的数量将达到 500 亿台，管理数字领域的指数变革将成为当务之急。对于你团队中的技术专家来说，技术特征和性能的非线性发展或许显而易见，但你的任务是在各种跨行业生态系统中识别出新商业景观中的机遇和威胁，制定应对之策，并扩展你的社交网络和专业网络。接下来要讨论的数字化矩阵将为你提供这方面的帮助。

第 2 章
数字化矩阵

　　想象一下，你正在参与一场全新的商业游戏。因为从未玩过这个游戏，你的内心激动不已，同时又有些忐忑不安。你对规则一无所知，也不了解每一位对手，更不清楚他们的能力和动机。或许你能从中认出几个昔日玩友，但那时你们玩的是另一种游戏，采用的是不同的游戏规则。这些人中，有几位过去曾帮助过你，但你并不知道他们此刻的角色和动机。你也不清楚有多少位竞争对手，唯一知道的就是这并非一场纯粹的竞争游戏。在其中你可以和其他玩家合作组建联盟，去对抗另一些玩家联盟。你还知道这个游戏会一直进行下去，总有新的玩家加入并形成新的关系。一些现有的关系会更稳固，而新的关系也会建立起来。其中有些人懂什么是线性发展，而另一些人则精通指数发展轨迹。

在发展的过程中，这些玩家逐渐掌握了越来越多的新技能，也获得了越来越丰厚的回报，但这同时意味着损失也将变得更惨重。游戏中还未出现大师级的人物，每个人都相信自己可以胜出。现在，你的公司即将加入这场全新的数字化商业游戏，你准备好了吗？

透过数字化矩阵观察未来发展趋势

为帮助你了解并破译游戏规则，以及找出获胜秘诀，我提出了数字化矩阵的概念。借此，你可以看到三种类型的玩家（包括你自己）如何在三个不同的战略转型阶段，利用各种数字化技术塑造行业未来，并影响其他公司的战略行动和应对方式。在这三个阶段中，这些玩家以三种制胜方法改进和设计各种符合未来发展趋势的商业模式。我们可以把数字化矩阵看成一个控制台，以 3×3 的方式排列，其中纵轴表示玩家的类型，横轴表示数字化转型三个阶段。通过本章，我将指出三类玩家的特征，并逐一介绍每个数字化转型阶段，告诉你如何借助数字化矩阵理解这个游戏。

请记住，数字化矩阵是一个管理框架，而不是一个技术或战术框架。它欢迎人们的讨论和争辩。它要求你摒弃某些经验上很成功，但现在已过时的旧式做法，主动拥抱新规则，并不断尝试新方法以适应自身需求。数字化矩阵不同于其他类似书籍和方法，它具备以下三个主要特征。

数字化矩阵不是一个技术框架

数字化的优势不仅仅体现为一组技术。数字化矩阵认为，你是在三类玩家构成的更大格局下制定市场战略。推动数字化转型的是这三类玩家，而非技术。

数字化矩阵看重的是不同类型、阶段的公司都在接受、尝试和利用数字技术来构建能为其带来竞争优势的新商业逻辑，它们通过各种不同的方式采纳和吸收数字技术，创造出新的能力，建立起新的关系，并寻求差异化的价值驱动因素。数字化矩阵关注的是三种类型玩家的核心行动——商业牵引力，而非推动这些行动的工具——技术推动力。

数字化矩阵不是静态的

数字化战略不是一组在预设的技术生命周期（或称"技术成熟度曲线"）内的某些阶段以特定顺序所开展的特定行动。数字化矩阵认为，各个公司和行业正持续而快速地经历着三个转型阶段。

因此，它并不打算提出一个万能的解决方案。它看中的是玩家、技术和行动的变化以及由此创造的新条件。数字化矩阵加入了一些动态因素，如行动、响应及后续决策，以确保你持续利用不同技术的发展来改进你的企业，从而适应数字化未来的趋势。

数字化矩阵不是单一维度的

同步关注三类玩家和三个发展阶段是取得成功的关键，数字化矩阵的核心就在于不能孤立地看待单个变量。一旦意识到必须超越传统界限、全面审视自己及其他玩家的行为时，你就会看到其他场景中的动态，并懂得更好地制定游戏规则，更有条件地创建战略联盟和推出重大举措。这些都是开拓新机遇和实现巨大成功所必需的。数字化矩阵是一个九维度的多维框架。因此，每个发展阶段的行为都相关联相促进，都会引发三类玩家的反应和行动。

让我们开始吧！请记住你必须为这个战略游戏做好充分的准备。不要把数字化看成一项特定的技术；放弃那些零碎、孤立的解决方案，改进信息技术部门，任命新的首席数字官，或者成立战略任务小组来研究数字技术和可能的并购及联盟方案；从整体上思考数字化如何推动经营战略构想和组织结构，以及数字技术提供的产品和服务如何在形式与功能上为客户带来更大的价值。当你有能力跨越企业的差别去获取和分析数据时，你就能改善与数据相关的产品、流程和服务，获得真正的回报。

数字技术，包括我们已经看到的技术、即将面世的技术，以及还在实验室和大学里不断完善的技术，已开始改变商业的规模、范围和速度，而转型就是对此进行系统化的思考。它们以前所未见的方式塑造着你的战略。你要关注整个商业体系，这意味着识别和分析在这个以九宫格形式呈现的数字战略游戏中与你互动的所有玩家。

三类玩家

在数字世界里，你会发现自己的对手不只是今天所熟悉的那些人，而是一群数量更为庞大的玩家。

◎ 第一类玩家：现有工业型老牌竞争者

你十分了解这些竞争对手。我把它们统称为"现有工业企业"。你已经调查、分析了行业内这些传统老牌竞争者应对市场变化的表现。你对它们了如指掌，能够预测其接下来可能采取的行动，也有一套现成的方法来应对。但很快你就会发现自己所处的关系网中还多了一些不熟悉的新来者。我希望这新出现的两类玩家能够引起你的足够重视。

◎ 第二类玩家：小米、滴滴型高科技企业

目标远大的技术型新贵公司都颇具冒险精神，行事风格无所畏惧，自认可以打破既有格局，让商界重新洗牌，如金融服务领域的贝宝、汽车行业的特斯拉，以及数据分析与网络安全领域的帕兰提尔（Palantir）。此外，中国消费电子产品领域的小米公司，试图用设计精美的产品打败苹果公司；网约车领域的滴滴公司，通过模仿优步的商业模式，且颇具全球野心；印

度的电商企业弗利普卡特（Flipkart），迫切希望成为亚马逊那样的公司。和其他一些诞生于数字时代的企业一起，它们公然漠视工业时代的管理规则，推崇精心打造的商业模式，希望以数字技术的力量产出巨大价值。它们以算法和自动化作为自己的思维模式，将数据视为差异化的资源，把数据分析作为企业的核心竞争力。这已经超越了狭隘的工业边界。利用各种数字技术的优势，它们不断改进商业模式。当然，我们很清楚这点：转型时，并非所有的创业公司都会成功，然而为数不多的成功者将成为你未来的强大竞争对手，或值得信赖的合作伙伴。

⊕ 第三类玩家：腾讯、阿里巴巴型数字巨头企业

我把第三类玩家称为数字巨头企业。它们包括 Alphabet、亚马逊、苹果、脸书、IBM、微软和三星等。它们以前是高科技初创企业，只为某些行业提供技术和后台运行管理服务，但现在，其经营范围已从科技行业延伸到各行各业。虽然数字产品及服务依然是其核心业务，但一些数字巨头企业正加强与各领域企业的合作，帮助后者在数字时代实现商业模式转型。最后，这些巨头企业将在横向与纵向上更加深度地整合其他行业，其中也包括你所在的行业。

未来，你的行业生态系统中也将出现高科技初创企业和数字巨头企业的身影。在这些生态系统中，并非所有的关系都是竞争和对抗。一些企业彼此合作，另一些则互相竞争，我将

在第 6 章中详细论述这点。在全新的商业场景中，曾经的合作关系可能会变成竞争关系，反之亦然。不仅如此，越来越多的关系将表现为竞争与合作并存的状态。我把它称为"竞合"（Coopetitive），这一点我将在第 7 章中展开。由此可见，数字商业生态系统是一个瞬息万变的竞技场，为了最有效地与其他企业建立联系，你需要了解其中每个玩家的不同观点和能力。

我们以全球汽车产业为例，更详细地研究一下这三类玩家。

未来数字汽车产业的三类玩家

现有的汽车企业包括通用、福特、丰田、宝马、奔驰等传统汽车制造商，优步、来福车（Lyft）、特斯拉等高科技初创企业，以及苹果和 Alphabet 等数字巨头企业。后两者要么正与传统车企合作，要么已经推出自己的创新产品。数字化给汽车业带来的影响已渗透到了各个方面：

产品架构上：混合动力和电动车成为燃油车的补充；

设计上：利用 3D 打印等技术实现快速成型；

制造上：针对不同部位进行各种排列组合的模块化平台组装；

服务上：通过蜂窝网络升级车载导航、安全、娱乐和通信系统；

商业模式上：传统所有权遭遇"交通即服务"的挑战。

由此可见，无处不在的数字化还在向包括汽车子系统制造商在内的更广阔的商业舞台扩张，例如汽车传动部件的供应商德纳公司（Dana Incorporated）、轮胎供应商大陆集团（Continental）和风驰通轮胎（Firestone）、汽车电子设备制造商博世公司（Bosch），以及无数家经销商和加油站。换句话说，我们再也不能将工业内燃机的设计、制造、供应链管理和交付视为各自独立的单一活动，相反，在新的数字商业生态系统中，上述环节之间有了千丝万缕的联系。在汽车行业的转型过程中，每一位参与者，包括传统车企、高科技初创企业和数字巨头企业，都必须重新评估独立运营，以及与其他参与者合作的方式。

哪些高科技初创企业应该或已经引起传统车企的关注？当然是特斯拉。埃隆·马斯克（Elon Musk），曾让贝宝声名远扬的传奇企业家，现任特斯拉公司首席执行官，同时也是特斯拉梦想的缔造者。他亲自主导了特斯拉电动汽车的研发，并把众多专利技术公开，以加速整个交通运输系统的电气化进程。2016 年中，特斯拉的市值超过通用和福特总和的一半之多，成为了汽车行业一个强劲的新玩家。2016 年 3 月，特斯拉推出 Model 3 电动车，仅一周之内就有 30 多万名准买家支付每人 1000 美元的定金。2015 年，通用和福特在《财富》世界 500 强中的排名分别为第八和第九位，而那时的特斯拉根本不在榜单内，排名第 588 位。未来几年，特斯拉能够快速逆袭，进入《财富》500 强名单吗？如果 Model 3 大获成功，这种可能性非常大。

除特斯拉外，还有一些小众公司值得我们关注。Automatic Labs 是一家位于旧金山的创业公司，将该公司生产的一款适配器插入汽车方向盘下方后，其随附的应用程序能够提供汽车行驶里程、油耗、发动机状况及驾驶性能相关的信息。它的最大特性是车主只需将其看成一个附加组件，而无须将各种驾驶数据返回给汽车制造商。此外，该公司还希望研发"汽车云"技术，使包括基于云计算的汽车保险和智能汽车养护在内的一整套服务成为可能。Peloton Technology 公司通过卡车队列的车间通信系统实现多辆卡车互连。它可以控制车的加速系统和制动系统，达到减少交通事故和提高运输效率的目的。

在解决驾驶员需求方面，优步和来福车是走在行业前列的两家公司。某些情况下，未来的优步无须依靠司机就能提供打车服务。尽管优步或许是最优秀的有风投资金支持的行业颠覆者（2016 年 6 月估值超 600 亿美元），但通用汽车也以长期战略联盟成员的身份投资了来福车（2016 年 1 月投资 5 亿美元），以期在美国建立一个可随时响应客户需求的自动驾驶汽车一体化网络。其他一些汽车生产商也在尝试不同的服务型项目实验，本书将在各个章节中对它们展开论述。

大多数科技型企业家创业时都会从某些特定的垂直领域和专业化技术入手，例如汽车、医疗、零售、农牧业或金融服务。因此，你必须根据行业背景识别这类专业型企业家的潜在作用。这与拥有横向专业知识的数字化巨头不同。正如我在第 1 章中谈到，横向专业知识将它们与众不同的核心专业知识扩张到不同的行业领域。

那么，什么是横向范围扩张呢？在行业的数字化和转型过程中，Alphabet 和苹果都想成为业内最具影响力的企业，它们的 Android Auto 和 CarPlay 都能让消费者或驾驶者将智能手机的使用体验无缝延伸到汽车上。不难看出，这两家数字化巨头都想深入研究汽车架构，尤其是自动泊车、无人驾驶，以及高速公路上的全自动驾驶等由软件驱动的功能。

2016 年 5 月，菲亚特 - 克莱斯勒与 Alphabet 达成一项初步协议，双方共同打造 100 辆自动驾驶的小型货车原型车，Alphabet 将用它们测试其自动驾驶技术。我们只能猜测，这将进一步深化它们的合作关系，或让它们走上截然不同的发展道路。此外，丰田投资优步，探索拼车合作模式和开发新的车载应用程序及服务；大众汽车也向德国网约车创业公司 Gett 投资了 3 亿美元。未来几年，我们还将看到更多此类合作案例。

因此，不能精确分析行业内企业实施数字化转型的方案，你就无法制定有效的数字化战略。正如通用、福特、克莱斯勒及其他企业，你的同行可能正在获取数字化能力，并将其融入它们的核心组织或用于建立同盟。科技型企业家可以带来全新的心态和技术组合，从而帮助你的客户解决一些核心的商业问题。数字化战略的范围不应局限于行业之内，它还包括横向扩散数字技术的数字化巨头和引入专业化知识的，以全新、高效

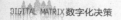

的方式解决问题的技术型企业家。在后面的章节，你将看到操作和影响着其他领域转型的依然是这三类玩家。

这三类玩家位于数字化矩阵的同一条轴线上。下面，我们要关注另一条轴线。

三个转型阶段

成长、萎缩、转型——各个行业都在不断变化。这并非什么新鲜事，然而数字化时代的变化更加迅速，且不再以线性或时间先后顺序的方式进行。通过存在于每个时间点上的三个进化阶段，企业必须在管理自身运作的同时与三类玩家进行互动。

◎ 第一阶段：边缘实验

第一阶段是各种数字化实验启动和发展的起步阶段。随着一个数字化理念的成熟，一项新的实验就出现了。因此，数字化商业实验始终在进行之中。我把这一阶段称之为"边缘实验"阶段。在此阶段，大量的想法从餐巾纸上的草图或幻灯片页面变成原型、实验品和产品，有些想法听起来不太可信，甚至不可思议，另一些想法则更加现实，有着巨大的潜在价值。

在第一阶段，你可能一直关注着自己的实验，以期让它们适应你的商业模式。这是必要的，但你更应该大量地去观察其他公司的实验情况，即便它们超出了你的行业边界。这是为了弄清这些实验对你行业既有生产方式的潜在影响。数字化进程的一个突出点就是通过平台实现独立产品向互联产品的转变。本质上讲，平台是其他人创立事业的基础，如移动操作系统中的 iOS 系统和安卓系统，它们具有多边性，能联系起不同类型的公司，为各种支付行为和价值交换行为提供标准化的服务。

这一趋势将补充和提升你的商业模式？还是会从根本上转变和颠覆它？这类平台何时出现？会有什么影响？即使你的行业还未诞生这类平台，你也必须了解催生这类平台的条件。在爱彼迎之前，酒店业的管理者从未想过有平台会推翻其商业逻辑。除了平台，在这一阶段你还必须搞清楚行业外围发出的信号，或者已经建立的，可能挑战企业盈利的商业模式。

理解边缘实验离不开深度思考。2005 年，苹果公司首席执行官史蒂夫·乔布斯宣布："我们和摩托罗拉达成了合作方案，将共同推出全球最佳的手机音乐服务。"对此的第一层解释是：苹果已将其 iTunes 软件和商业模式从 iPod 设备移植到摩托罗拉手机。对音乐公司而言，这显示出苹果公司的影响力在加深。但对于非音乐行业的企业，如电信业中的摩托罗拉、黑莓、诺基亚和索尼爱立信，这一消息还有第二层含义。这些公司的管理者本应提出这样一个疑问：iTunes 软件与当时手机上大行其道的塞班系统或黑莓软件完全不同，性能又大大超过它们，苹果公司可以用 iTunes 做些什么？苹果与摩托罗拉的尝试性合作是否会为其开启手机行业的大门？

深入解读这个边缘实验后，更多后续问题接踵而至：苹果如果要发布自己的手机，还需具备哪些技术条件？如果音乐服务是适合手机的应用，未来的软件开发和用户界面还会诞生哪些应用？回答这些问题需要更多的调查分析，以及管理能力与技术能力的融合，然后联系各要点，计算出合理创新的可能性。

最近，谷歌公司前雇员保罗·泰勒（Paul Taylor）创立了一家名为思想机器（Thought Machine）的公司。2016年7月，它发布了Vault OS操作系统，该系统建立了"多家在云端运行的银行……采用集中化和授权加密的总账户作为所有交易的单一数据源。这一技术保证了交易的安全性……且所有的银行产品都使用同一套智能合约系统"。

这是一家创业公司不自量力的梦想？还是一项足以颠覆现有金融服务业的技术？虽然目前Vault OS的设想听起来有些不可思议，但我们要考虑的是它变为现实还需要哪些条件。谁可能会与Vault OS系统合作，并彻底重建银行业？有谁会利用Vault OS系统所依赖的区块链技术为金融服务或其他领域带来其他新方案？只有考虑过这些问题之后，你才能说这一设想不可行，或在实验中不予考虑。

亚马逊、Alphabet和脸书的无人机，微软和脸书的头戴式虚拟现实体验机，以及苹果、亚马逊、微软、Alphabet和脸书的聊天机器人，当你观察其他领域时，也能用同样深度的方式解读这些产品。除了为农业、采矿业和救灾提供物流支持，无人机还能发挥哪些作用？美国电话电报公司就在努力开发更多新功能，它们不仅用无人机检查手机信号塔，还在演唱会和体育赛事等通信需求很高的时间段用无人机提供现场报道。除了游戏领域，虚拟现实技术还被用于医疗行业的专业教育培训。

当这些实验发展成熟，从实验室和科研机构走出来并成为主流技术时，它们的黄金时代就来了。在数字商业领域的三类玩家探索更新奇、更富创意的商业模式的过程中，它们将发挥基础性作用。接下来我们将论述第二个阶段。

◉ 第二阶段：核心冲突

在数字化转型的第二阶段，各种创意从技术原型发展成备选商业方案。我把这一阶段称为核心冲突阶段。在此阶段，数字化规则对传统的工业实践和业已建立的规则发起挑战，经过工业时代完善的既有方案与刚刚由实验催生出的数字化新方案之间形成冲突。

这种冲突在某些领域逐渐发生，在另一些领域则迅速爆发。即便在同一行业，由于各自独特的战略差异，不同公司面对的冲突强度也不尽相同。此外，转型的速度还可能突然加快。

例如 20 世纪末，电子商务的探索时期，亚马逊作为一家颇具野心的创业公司，与其他许多公司一样，立志变革零售业。2000 年时，沃尔玛对这类公司的潜力毫无察觉，认为电商不过是实体店铺之外的另一种非核心的销售渠道。它将网上销售视为其营销策略的延伸，只在"网络星期一"（美国感恩节假期之后的第一个周一）等特殊节日偶尔做做促销。沃尔玛从未料到，全球物流基础设施会有如今这样的强健增长。

2016 年 6 月，亚马逊的股票市值全面超越沃尔玛，成为销售额和雇员数量均位列全球首位的零售商。沃尔玛和其他超级零售商的高管清楚地看到，实体店与电商之间的冲突正日益严峻。亚马逊在 1994 年刚起步时或许只想干掉实体书店，但那只是个开始。我们在第 1 章中谈到，亚马逊对范围、规模和速度的驾驭能力使其区别于 21 世纪初的其他电商企业。过去十年，亚马逊的商业模式颠覆了批发零售行业曾经的结构和实践。

美国之外，阿里巴巴不仅坐到了中国数字化零售的第一把交椅，而且它还有着更大的全球野心。

核心冲突的发生在于数字技术在两方面形成了冲击力。其一是数字化的产品、服务冲击传统的产品、服务，如传统腕表与智能手机、数码腕表的竞争；通用、博世和 LG 电子的传统独立式冰箱与三星及其他电子企业的物联网冰箱的竞争。随着数字化产品日益增多，冲突还将加剧，传统行业、野心勃勃的创业者，以及数字巨头之间的竞争关系还将扩大。

另一种冲击力是组织模式的基础不同。旧的组织模式遵从弗雷德里克·温斯洛·泰勒（Frederick Winslow Taylor）提出的科学管理原则，以机械工程法则为基础；而新的组织模式以自动化、算法、软件模型分析等计算机科学原理为基础。这种冲击导致了持续的实验，与生态系统中的合作伙伴动态协调，以及人机协作带来的快速的机器学习速度，而非标准化、专业化和价值链优化。换言之，工业企业与数字企业的冲突是围绕着价值传递和组织逻辑的冲突。而这场冲突的幸存者将影响新规则的制定，进入第三个也是最后一个阶段。

🔲 第三阶段：根基重塑

进入第三阶段，数字化思维不再是事后产生的想法。工业企业、科技型创业家和数字化巨头，或它们的组合开始并肩合作，利用数字化功能为个人或企业解决核心问题。不论产品还是服务，在每种价值主张的中心，每项业务都数字化。B2B（企业对企业）或 B2C（企业对消费者）等传统的商业模式区分标准将不复存在，所有企业都处于一个 B2B2C（企业对企业对消费者）的互动网络中。新的关注焦点是：

▲ 谁负责产品与终端消费者的互动。

▲ 谁设计消费者交互接口，包括移动接口、社交接口、云接口和其他交互方式。

▲ 谁收集和分析数据并得出观点。

我把此阶段称为根基重塑阶段。它需要一种全新的心态，因为这关系到赢得客户信任从而追踪各种交互方式，其中就涉及数据隐私保护。在此阶段，我们要找到解决个人或企业所面临的痛点及根本性难题的方法。

我们以一个可预见的数字家庭里的未来场景为例。惠而浦曾经是一个 B2C 品牌，其 B2B 的环节止于沃尔玛或百思买等零售商店。它虽然拥有所有零售渠道中各型号洗衣机和烘干机销量的准确数据，但其产品在每个家庭的实际安装数据并不准确。物联网彻底改变了这种状况。通过将洗衣机和烘干机接入互联网，惠而浦能跟踪和监控到每个家庭的产品使用模式。数字化让惠而浦能实时追踪产品使用状况，发现趋势并从中学习和开展针对性实验。此外，与之前相比，物联网还为用户提供了更高水平的服务。惠而浦的商业模式也从零售分销转变到以物联网保证客户服务质量，通过物联网连接的消费者和产品越多，惠而浦就能对相关产品进行越精细的调整，从而将每个家庭变成一个个智慧生活中心。

要借助数据和分析学的支持，加强以往制定有效决策时的直觉和判断力。此时，成功的关键是比竞争对手更快、更好地形成见解并用于实际。敏捷性和快速适应能力因而不可或缺。各大企业都在为此进行数据分析，但更重要的是它们摆脱了官僚作风。这曾是工业企业的一大特征。通用电气首席执行官杰夫·伊梅尔特（Jeff Immelt）[①]曾在一次采访中说："无论它们愿不愿意，如今的工业企业已属于信息产业的一部分……我们希望，未来 20 年，数据分析学会像过去 50 年的材料科学一样，

---

① 杰夫·伊梅尔特已于 2017 年 6 月辞去通用电气 CEO 一职。

在企业中占据核心地位。"他很早就认识到，要想在这场数字商业游戏中取胜，通用电气就必须融合物理世界与数字世界，连通机器与数据，实时响应信息，成为一家为不同行业服务的平台和应用软件公司，正如过去 10 年 Alphabet 和苹果公司在消费互联网领域做的那样。

这是个令人振奋的前沿领域：我们第一次谈到了物理世界的数字化问题，而不仅是数字化企业的虚拟网络。通用电气、博世、约翰·迪尔和惠而浦成了该领域的领跑者，它们制定的新规则正决定着那些过时、僵化和传统的商业模式与数字化商业模式发生冲突时，哪些公司可以生存下来，哪些公司又会被甩在后面。

数字化矩阵		边缘实验	核心冲突	根基重塑
数字巨头				
传统企业				
科技型创业公司				

图2.1 数字化矩阵

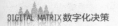

在对数字化矩阵的两条基本轴线——这场游戏的玩家和发展阶段有了全新的认识之后，假设自己正处于其中一个格子中。你已知道，游戏不会在单个格子中结束，其他格子内发生的事情将影响你。因此，让我帮你找到自身在数字化矩阵中的位置，你也就会更清楚自己相对于其他玩家的位置。

你在数字化矩阵中的位置

无论从事何种行业，提供何种服务或产品，你的公司都位于图 2.1 所示的三类玩家和三个阶段构成的模型之中。

数字化矩阵助你了解公司当前所处的位置。科技型创业公司处于底部的格子中，数字巨头企业在最上面的格子中，传统工业企业则位于中间的格子中。这是确定玩家类型的首要标准，然后我们再看特定行业在发展过程中所处的阶段。

1. 确认你的行业处于哪个阶段

边缘实验阶段的判断：从你的公司或业内其他企业中是否可以看到数字化转型的可能性？某些科技型创业公司或数字巨头正在进行一些有趣的创新，而你的核心商业模式是否发生改变？全球农业产业就处于这一阶段。近年来，与传感器、气候数据和云技术拖拉机相关的实验层出不穷，传统农业商业模式却依然没有发生根本性的转变。不过，精准农作和数字农业的时代即将来临。

核心冲突阶段的判断：科技型创业公司和数字巨头正利用强大的技术，挑战甚至颠覆你们行业的传统商业模式。全球汽车业正处于这一阶段：特斯拉重新定义了产品的架构和使用；优步和来福车将提供交通视为一种服务，以此代替对汽车的所有权。这都迫使传统汽车企业重新思考自身的商业模式。

根基重塑阶段的判断：业内的传统企业、科技型创业公司和数字巨头都在利用强大的技术和创新方法解决最根本的商业问题。亚马逊、网飞、谷歌的YouTube，以及迪士尼的美国广播公司和康卡斯特（Comcast）的全国广播公司等企业就正在对传媒和娱乐产业进行根基重塑。它们测试客户偏好，并利用这些数据推出迎合消费者口味的产品，同时不断微调产品，在需要变革时就可以迅速作出反应。

在九宫格中找到行业当前所处的位置。如果你是一家传统企业，现在你就已能够在中间一行的格子中准确定位。但千万别忘了下一步，找到那些已经，或者很可能会和你走上相同发展路径的科技型创业公司和数字巨头企业。

2. 评估你的企业与业内其他传统企业的相对位置

企业对新趋势的重视程度不一，数字化也不例外。与行业内的传统企业相比，你是否处于领先地位？你是否意识到数字化的必然趋势，并像约翰·迪尔(John Deere)或孟山都(Monsanto)等企业一样，通过并购和结盟等手段，获得领先于同行的先发优势？同行是否都在关注你，通过你来了解数字化转型过程中的发展方向，就像制造业传统企业将德国的西门子公司或博世公司视为标杆一样？

或者像许多公司一样，你认为数字化不是公司层面的重大战略问题，从而让其他企业成为数字化的领导者？如果由于其他一些迫切的挑战，你有意识地将数字化转型放在了无关紧要的位置，我建议你关注一下其他企业在数字化技术方面的投资情况。

更重要的是，你还需要了解其他行业的转型方式，这也许会给你提供一些启示。又或许你可能处于一个中庸的位置，与其他传统企业一样，仅对数字化给予最低程度的关注。

在"领先—并列—落后"的关系中找到你的准确位置，这是个非常有帮助的练习。从根本上说，你是否比行业内其他传统企业采取了更多行动并不重要，重要的是你已准备好系统化地接受数字化趋势，并将其视为行业发展的转型前进力量。清楚自身企业在数字化矩阵九宫格中的位置就是个很好的开始。但这只是开始，前面说过，任何企业都不是数字化时代的一座孤岛，价值创造和价值获取只有通过各个岛屿的互相连通才能实现。

本书所要表达的观点是，科技型创业公司和数字巨头企业不仅是潜在的朋友，还可能是彼此的对手。它们自身的行为，以及与传统企业间的互动，将深刻地影响你制定成功策略的能力。

为什么数字化对传统工业企业至关重要

最开始，我这本书是写给传统企业的管理者的。不管处于数字化转型的哪个阶段，我都希望你能摆脱"成功陷阱"。它们或阻止你发现数字技术的力量和前景。话虽如此，这样的讨论适用于所有的市场玩家，包括科技型创业公司和数字巨头企业，以及企业内部各层级员工。即使除了手机应用程序和社交媒体，你并没有更多地思考数字化，你仍然可以从其他企业身上学到一些东西。它们与你面临着同样的机遇、不确定性、挑战、担忧、恐惧和假设。

过去五年，我与来自各个行业的数百位管理者进行了探讨，从这些探讨中我提炼出四个问题。当你的公司面对快速数字化的发展前景时，你可能也会提出这些问题。

你存在的意义是什么

当所在行业成功实现数字化转型时，你所扮演的角色和存在的意义是什么？数字技术挑战着几乎所有行业的产品架构路线图。传感器和 24 小时在线的云联网改变了提供服务的方式。结果就是，数字化将改变企业在行业中的角色，以及你的盈利能力。一旦理解此点，你就能评估自身价值，从而建立一种让企业有意义并与众不同的商业模式。也许你的产品和其他企业的产品没什么不同，但你可以用新的方式包装，让消费者为之眼前一亮，获得个性化的价值体验。这种转型的意义也许更加深远。作为生产型企业，你可能需要向服务型企业转型，反之亦然，作为服务型企业，你或许要深化你的客户关系，成为一家提供解决方案的公司。在本书第 6、7 章节，我会介绍一种系统化的方式，帮助你了解不同的方案，以及与其他企业互动的方式，从而确保你的企业具备持续生存的能力。

你的差异化能力是什么

你的企业具备哪些差异化能力，让你在数字化时代依然具有意义？数字技术取代或改变了某些传统资源，同时迫使另一些资源退出历史舞台。比如算法、应用程序和机器人实现了流程自动化，取代了各个行业中的一些重要环节。你的企业有哪些差异化的能力，让你在数字化时代依然能够发挥重要作用？换句话说，你应如何调整自身能力去适应未来的发展趋势？为拥有这与众不同的差异化能力，你要跳出传统核心竞争力去想问题。如何利用认知运算或机器学习提升上述能力？我将在本书第 7、8 章节详细论述此问题。

你的重要合作关系是什么

如何与其他玩家协作？数字化战略以网络为中心，即数字化时代的价值在与合作伙伴和客户的互动中共同创造。成功取决于建立合作关系网络的方式，以及随着时间推移动态地改变这种关系的方式。请记住，这些合作关系不仅为当前战略所构建，它还是打造数字时代战略的关键。本书第6、7章节将就此问题展开论述，为你提供在动态的生态系统中高效前进的方法。

你的转型途径是什么

为适应数字化未来，你该如何有效开展组织动员和转型？数字化转型要求更迅速、更剧烈地变革，而不仅是为过去的组织架构引进几项最新的数字技术。你要修改和加速产品路线图，将内部流程迁移至云端，加强企业与软件合作伙伴及网络的依赖关系，学习并吸收新的能力，招募掌握重要技术的新员工，或许还要创建独立的组织实体。作为企业领导者，你必须为这些可能的转型途径铺平道路，否则你的愿景将无法实现。此外，你还必须制定合适的规则以实现转型，赢取胜利。我将在第9、10章节中论述如何成功适应数字化转型。

毫无疑问，你卷入的这场数字化商业游戏充满艰难险阻，但潜在的回报也颇为丰厚。这是一场无法回避的游戏，是一场必须参与的游戏。现在，你已了解新的玩家类型和它们的技能，你也懂得携手合作是带来价值的最佳途径。这将让你的公司、合作者和竞争者，以及客户同时获益。虽然某些权威专家早早宣布了某些传统企业的死亡命运，但你清楚地知道，随着自身行业在数字化转型三个阶段上的变化，你依然拥有许多重塑企业的机会。本书第二部分内容正是为了帮助你抓住这些机会。

≫延伸阅读

百度布局人工智能生态系统

自百度宣布全面押注人工智能以来，业界一直在探讨，百度的人工智能商业化如何进行，战略将以哪里为突破口？现在从百度一个个的动作来看，思路已经很清晰了：通过自动驾驶 Apollo 开放平台，全面布局汽车产业，覆盖出行场景；通过DuerOS 对话式人工智能平台和智能硬件，打造软硬结合一体化，满足自然语音交互使用需求，覆盖家居、出行和可穿戴等全生活场景。

根据最新数据，已有近 7000 个开发者投票支持 Apollo 开源软件，超过 1700 个合作伙伴使用 Apollo 开源代码，100 多个合作伙伴申请开放数据，Apollo 已成为开源界的超级"网红"。上线不足一年的 DuerOS 也吸引了超过 130 家硬件合作伙伴，落地硬件解决方案超过 20 个，覆盖了家居、车载、移动、智能穿戴等多个场景。随着百度人工智能战略的进一步落地，这些数字还会增加。

百度不仅将 Apollo 和 DuerOS 作为成熟的技术解决方案开放给合作伙伴，而且将其拥有的数十项核心技术，包括语音交互、自然语言处理、视频、增强现实、机器人视觉等，全部开放。这使得加入的合作伙伴也为百度提供了大量垂直领域的大数据，"它拿到的越多，它贡献得也就越多"。

目前与 Apollo 签约的汽车厂商有江淮汽车、北汽集团、奇瑞汽车、金龙客车等，而 DuerOS 在音箱、电视、冰箱、空调、小家电、门锁、手机、机器人、手表、汽车、玩具、摄像头等垂直领域也势如破竹，所到之处广受合作伙伴欢迎。

随着使用 Apollo 和 DuerOS 开放平台的产品越来越多，连接的合作伙伴行业也越来越丰富，百度搭建的人工智能生态正在两大开放平台的基础上蓬勃发展。

第二部分
数字化转型的三个阶段

亚马逊首先提出电子商务，沃尔玛如何应对？巴诺书店（Barnes & Noble）怎样与亚马逊竞争？百视达如何应对网飞？大英百科全书又如何面对微软的电子百科全书 Encarta，以及后来的维基百科？黑莓与诺基亚怎么与苹果的 iPhone 手机一争高下？微软针对 iPhone 制定了哪些对策？

2017 年，招商银行成立金融科技委员会，全面发力向"金融科技银行"转型，全年投入营收的 1% 以上，推动移动互联、云计算、大数据、人工智能、区块链等新兴技术的创新应用，对标金融科技企业，加快向"网络化、数据化、智能化"目标迈进。目前，招商银行内部金融科技创新孵化平台的 50 个项目已启动，并与 30 余家技术公司在移动互联、量化交易、虚拟现实等领域达成合作。

第 3 章
边缘实验：探索智能解决方案

通用电气可以向脸书学习什么？当凯尔·瑞斯纳（Kyle Reissner）问自己这个问题的时候，他还是通用电气产品管理团队的一员。他认为，"脸书的高明之处在于，利用历史数据让后端系统动态地适应各种实时状况，再呈现于简易的用户界面。也就是说，脸书不仅仅是一个社交网络，而是成为一个实时的，具有社交智能的平台"。如果"把作为数据来源的用户置换成机器"，通用电气的效率会如何改变？

换句话说，既然脸书可以利用采集的用户数据进行精准推荐，通用电气能否利用其传感器、机器和系统采集的信息做同样的事情？通用电气因而产生了打造"工业领域的脸书"的想法，并开展了一系列探索实时的业务智能解决方案的实验。越过显而易见的事物，将各个孤立的点连成一条线，以令人信服的叙事指导未来商业决策，这是开展各种实验的宝贵缘由，它开启了通用电气公司数字化转型的第一阶段。

放眼世界，连点成线

让我们回顾一下九宫格数字化矩阵，第一栏的三个格子代表着三类不同玩家所开展的各种实验。其中有特立独行的企业家提出的方案，数字巨头企业的大胆实验，以及各行业传统企业精心布局的扩张行为。这些实验摆脱了行业定义、功能性和地域性的限制。你应当放眼全球，但你的目标明确：了解前沿实验并指导企业转型。能否联系起三种类型的玩家的大量实验，将是企业在未来的数字化时代获胜的关键。

过去的制胜法则是你当前商业模式的基础。但是作为企业领导者，你必须重新评估企业运行规则背后的假设，并决定何时、以何种方式修订这些规则。了解前沿实验将在这一点上帮助你。

未来的商业模式建立在看似不相干、广泛分布的趋势组成的网络基础之上，如社交网络、区块链、人工智能和可穿戴技术。你知道这些不同趋势可能会聚集在何处，并创造出引人注目的新商业规则。这不是开发一个移动应用程序，然后将网页内容复制到智能手机和平板电脑上，也不是为你的品牌创建一个模仿脸书的页面，或者打造不同行业的优步或爱彼迎的山寨版。你特别希望发现一些案例，一些曾被人们视为异想天开的科幻小说，例如用 3D 打印技术打印出汽车或人体器官，未来某天却能成为现实和成功的商业模式。但是你必须清楚这些案例的原型技术将何时、何地,以何种方式,从多大的规模上变为现实。

经过广泛搜寻,你可以发展出一个以数字化塑造行业未来的商业故事。这个故事引人入胜,有数据和分析提供支撑。想知道毫无关联的技术如何建立联系,像过去五年里手机与社交网络的融合那样,释放出新的商业功能;想知道作为创新的驱动因素,3D 打印、机器人和无人机等技术如何重新定义高附加值生产活动的地理分布。那么,你的挑战就不亚于在本行业和其他行业开展的边缘实验中提出些合理的设想,并借此建立一种数字化商业理论。

用摄影作类比,你需要一个大光圈、大景深的镜头。有趣的是,或许三类玩家会选相同类型的镜头,但寻找的是不同的目标和趋势。这正是强大的边缘实验阶段充满挑战性的原因,也是理解边缘实验,从而影响传统企业领导者的原因。

企业家通过开展实验来启动和发展业务

2010 年,优步出租车(即现在的优步)在旧金山推出了一款手机应用程序,从此旧金山乃至全世界的出租车和运输行业都改变了。这款应用程序的功能非常简洁:在智能手机上轻轻一点,优步就能联系起有出行需求的用户和可以提供租车服务的司机。租车服务价格则由当时的市场需求和乘客的个性化需求确定。五年来，优步的全球领导地位反映出一个事实：**一旦我们以一定的规模和速度将不同的技术整合，实现未能满足的市场需求时，数字化就能释放出巨大的能量。**我们以优步在传统汽车行业展开的边缘实验为例，提出以下三个问题：

1. **通用、福特、丰田和梅赛德斯奔驰等全球汽车巨头应该更早一些开展拼车服务的实验吗？**

有一种观点认为，如果这些行业巨头不仅仅将自己视为汽车设计商和制造商，而是看到自己作为运输服务提供商的定位，它们就应尝试将各手机应用程序扩展到车载信息系统（如通用公司安吉星系统的车辆解锁、导航、发动机性能监测等功能）之外了。通用公司早期推出的 RelayRides（一个类似爱彼迎模式的汽车共享网站，后改名为 Turo）就是一次有限的尝试，不过其规模远不如今天的优步。这其实是个明知故问的问题，因为我们都知道答案。但这种思维模式大有用处，当我们尝试去理解数字化转型的早期阶段时，问题的提出将带来一些有趣而重要的挑战。如果汽车制造商这类传统企业能够发现针对它们商业模式展开的边缘实验的潜在影响，它们就有足够的时间拿出最佳应对方案。

2. **赫兹（Hertz）和安飞士巴吉集团（Avis Budget Group）等汽车租赁公司应该尝试这种商业模式吗？**

与优步的全球扩张路径一样，2013 年，安飞士巴吉集团出资 5 亿美元收购全球首家共享汽车服务公司 Zipcar（该公司的商业模式是自驾共享，并不支持司机代驾服务）。或许有人说，为保证自身模式的正常运转，优步离不开通用、福特等传统车企生产的汽车。同样地，我们可以认为通用也需要汽车租赁公司这类坚定可控的买家，因此它也离不开优步。但是，安飞士巴吉和赫兹的命运又如何？优步会对租车企业造成威胁吗？租车公司是否将优步视为其商业模式的补充而不是威胁呢？

3. 对于那些与汽车、汽车租赁毫不相关的传统企业而言，优步的实验意味着什么？

优步的商业模式适用于船舶、飞机、休闲房车，甚至运输业之外的其他领域吗？通过"商业模式的边缘实验"这一说法，我坚定地认为，优步产生的影响绝不仅限于其创立之初所涉及的行业，或仅满足于解决其最初希望解决的问题。这种影响只会更加巨大而广泛。

当你面对前面提到的九宫格，看着第一栏的三个网格，你应该把搜索的范围放得更远、更宽，看看是否有一些行业已经发展成熟，可以尝试采用优步的商业模式。

向网飞公司学习

大家对网飞公司的故事都不陌生，它让影片租借行业陷入混乱，或许还把百视达和其他视频租赁连锁企业推向了破产的境地。然而在它的成长故事中，更重要的内容还是网飞正在进行的尝试。网飞初期的核心业务 DVD 邮寄服务目前在它的业务中只占极小的一部分，利用视频数据流技术，网飞已顺利转型为一家领先的互联网电视广播公司，成功取代了20世纪的广播电视商业模式。互联网电视随时间、地点而变，由个人观影习惯进行个性化设置，基于网飞连接和脸书等数据进行预测，从云端向世界任何角落的屏幕播送节目。网飞在190多个国家拥有超过7500万付费订阅用户。每天，这些用户可从1.25亿个小时以上的电视剧和电影内容中作选择。

网飞公司联合创始人里德·哈斯廷斯（Reed Hastings）是一个信奉完美主义的实验者。多年积累的无数次实验使他能针对21世纪的媒体网络调整自己的商业模式。他的所有实验都处于电视和娱乐产业的边缘地带，但或许直到现在，产业的主流领导者才开始重视这些实验。

在影片租借行业的多数公司把注意力放在大众榜单上的热门大片上的时候，哈斯廷斯却在集中精力研发一款"推荐引擎"。该引擎可以了解用户的观影偏好，并利用这些信息为用户推荐网飞影片库中其他符合用户口味的影片。一开始，该引擎只是依据用户对已观看影片的评价和偏好预测用户对其他影片的评价，之后，它又整合了观影习惯中所有类似的资料数据。2016年，为进一步确立推荐引擎的优势，哈斯廷斯引入了"网飞奖"。这是一个任何人都可以参与的公开竞争，只要能打败其Cinematch推荐引擎的过滤算法和推荐算法，就能获得大奖。他希望以最好的技术头脑提升该算法，从而让他的推荐引擎继续保持领先优势。

2007年，尽管当时带宽有限，移动互联网也不可靠，哈斯廷斯却向其DVD订阅用户推出了不限量观看流媒体内容的服务(尽管早期存在一些受限的内容库)。通过这项服务，哈斯廷斯很早就知道用户喜爱的流媒体内容。

毫无疑问，如今流媒体视频领域的领导者非网飞莫属，而个性化是网飞取得成功的重要原因。在每位订阅用户的主页，你会看到多组按行排列、带有标题的影片，这个标题会告诉你组与组之间的关联。利用过滤算法和推荐算法，网飞为每位用户个性化地推荐影片。利用机器，以快速和规模化的方式，网飞成为个性化的领导者。

哈斯廷斯选择了与亚马逊合作推出基于云技术的流媒体实验，而非自己实施这项实验。这是合情合理的分析决策，因为网飞在云计算方面根本无法与亚马逊竞争。因此我将在本书第6、7章节论述与竞争对手合作的重要性。

在系统化分析自主研发硬件和专注于软件的利弊后，网飞最终将软件开发作为公司发展方向，使其内容能在电视、机顶盒、网飞电视、个人电脑、平板电脑、手机等多种类型的设备上播放。

为了测试观众对拟拍电视剧《纸牌屋》的反应，其他电视广播公司要求执行制片人凯文·史派西(Kevin Spacey)制作试播剧，而哈斯廷斯及其团队只需分析订阅用户观影习惯的数据，就能评估这部电视剧的市场前景。在选择电视剧时，广播公司的传统做法是试探观众对试播片的反应，然后再播出几集，最后才决定是否完整播出整个剧集。对比之下，网飞以数据降低风险，能够做到同时推出两季节目，大大提高了制片人和导演的创作动力。

《纸牌屋》大获成功之后，网飞又先后制作了《女子监狱》《血脉》和《马可·波罗》等原创节目。

在媒体和娱乐业的边缘地带，网飞一直认真而连续地探索着互联网电视的各种基础构件。时代华纳、迪士尼（美国广播公司）、福克斯、NBC环球和哥伦比亚广播公司等大多数传统企业并没有及时意识到推荐类软件的力量，而这类软件推动的个性化服务已成为网飞公司的标志。对于驱动网飞进入原创编程领域的洞察力，它们也很后知后觉，许多公司根本不明白网飞以分布式云架构对不同设备和不同带宽用户的流媒体进行优化的技术优势所在。通过一系列实验的改进，网飞成为全球领先的互联网电视公司。通过研发应用软件、选择性结盟和推出各自版本的类网飞产品，视频行业里迟到的传统企业用它们自己的方式与网飞展开竞争。

当你了解网飞后，你会发现哈斯廷斯和他的团队进行的实验都不是一次性的。它们一步步地将技术研发成果与各种合理方案及商业模式结合起来，这些方案为客户带来更高的价值，商业模式则将算法、数据分析、流媒体和云技术等数字化特性作为关键要素。当你试着理解各种媒体和娱乐业的实验，你或许好奇于第三个发展阶段：里德·哈斯廷斯这样的科技型企业家，以及亚马逊（Prime Video）、Alphabet（YouTube）和苹果（iTunes 和苹果 TV）等数字巨头企业，会决定数字时代媒体与娱乐业的未来吗？实验阶段打下的基础将如何驱动重塑阶段？你会发现，不只是网飞公司面临此问题，实验和重塑之间的联系是数字化矩阵的一条关键主线。

2010 年的优步只是一家研发打车服务软件的小公司，1997年的网飞也只是一家因讨厌支付滞纳金而成立的提供 DVD 邮寄租借服务的配送公司。然而，现在这两家公司却成为还在逐步进行数字化转型的传统企业的强劲竞争对手。单独来看，它们所开展的实验或许入不了那些传统企业的法眼。但随着时间流逝，这些实验让它们掌握数字技术能力，为它们强大而挣钱的商业模式打下基础。这些表面上很边缘化的创业实验往往看起来十分荒谬、不太可靠，或者微不足道、逻辑不清。但它们能在短时间内形成并快速发展，随技术进步而改变，获得新特性，得到合作者青睐，最终进化成一个生态系统，实现快速增长。

传统企业从两方面观察实验

每当传统企业的管理者问我"我应该了解哪些数字化实验"时，我的回答都很简单。作为一种早期信号，你应观察两类边缘实验：与你的商业模式互补和挑战的实验。前者让你找到主动拥抱这些实验的方法，后者引发你思考背后的警示。现在，在你坐下来考虑应对和互动方式时，你也应接受这两点。

互补实验：向耐克学习

1987 年，耐克公司引进了一台名为"Monitor"的设备。它只有一本平装书那么大，配有一条带有声呐探测器的皮带，将皮带系在腰上就能测出跑步者的速度，并通过耳机将结果传送到跑步者耳中。那时还是索尼公司的随身听大行其道的时代，iPod 热潮也还未到来。耐克利用在运动鞋服领域的雄厚根基，喜欢在数字技术领域开展探索活动，Monitor 就是其中之一。虽然 Monitor 未取得成功，但这是一次明显领先于时代的尝试。

此后，耐克又尝试销售运动手表和心率监测仪，虽然又以失败告终，但它们再次领先于时代。要是耐克的高管认为实验预知不了数字技术的未来前景，它们就丧失了掌握新技术的主动权。但耐克最终坚持了下来，因为它坚信数字化特性可以和公司实体产品形成互补。2014 年，在开展一系列设计实验后，耐克推出了一款内嵌传感器的智能运动鞋。这正是智能设备网络，即物联网的早期雏形。耐克智能运动鞋再一次成为超前的产品。

耐克公司创始人菲尔·奈特（Phil Knight）认为，尽管早期的传感器功能十分有限，但依然可以为跑步者提供反馈信息，帮助它们纠正跑步姿势。耐克与苹果合作，推出了Nike+跑鞋，这款鞋将耐克的核心竞争力与音乐、数据采集联系起来。这是一次不同以往、极具启发性的实验，它标志着一家专注于运动鞋服制造的传统企业和一家致力于传感器制造的初期数字化企业的携手合作。耐克现任首席执行官马克·帕克（Mark Parker）对于Nike+的评价是："**大多数跑步者都会在跑步时听音乐，如果能够将音乐与数据结合起来，我们就抓住了一个巨大的商机。**"

数字化兴起阶段，耐克与苹果共同开创了边缘实验的先河。2001年，苹果发布便携式音乐设备iPod。那时，iTunes技术也让耐克能把个人电脑作为接口，实现数据的无缝同步。耐克专注于运动鞋产品与网络、iPod的接口时，苹果公司改进了耐克的原型传感器，并最终推出了乔布斯口中的"运动里程表"。这意味着，穿上带有Nike+技术的运动鞋后，跑步者就能够一边收听流媒体音乐，一边收集跑步的运动数据。本质上说，这正是"量化自我"运动的开端，即用各种应用软件测量我们的生活、学习和娱乐活动。这种传统企业与数字巨头企业的合作模式是数字化矩阵的一个基本特征。

从这个案例中能学到什么？你必须去发现那些未来会被证明十分有趣和重要的边缘信号。在2016年，从当地运动鞋专卖店购买一双定制跑鞋似乎还是一个遥不可及的想法，但耐克、新百伦和阿迪达斯就应该且很有可能利用 3D 打印机把这个想法变成现实。正如马克·帕克所说："如果创新是人类一切活动的驱动力，那么数字技术就是催化剂。数字技术已经从根本上改变了我们的商业模式、设计方式、制造方式和服务客户的方式。数字技术扩展了我们的创造力，产生了规模效应。"这个想法还能如何扩展？耐克可以将商业模式延伸到制造业之外，把本地零售机构整合成高科技设计工作室，针对用户脚型，利用 3D 打印技术为跑步爱好者打造定制鞋，并在鞋中嵌入可追踪个人身体状况的传感器。为实现这一目标，耐克必须重新思考整个商业活动体系，并通过一系列全新的实验测试市场反应。

互补实验：向安德玛学习

安德玛（Under Armour）是耐克最为强劲的对手之一。在此，我们有必要研究一下这家公司，看看它如何在激烈竞争的运动服装市场利用技术开拓利基市场。1996 年，身为大学橄榄球队球员的凯文·普兰克（Kevin Plank）尝试用自己发明的一种排汗混合纤维面料制作 T 恤。这种 T 恤让他在比赛中保持身体清爽，不被汗水浸湿。他把 T 恤样品分送给在全国橄榄球联盟打比赛的队友和朋友们。于是，这款 T 恤的良好口碑扩散开了。

2013 年，安德玛开始通过电子商务网站接受订单，同时还研发出可以附加在运动衫上的心率监测带。但普兰克很快发现，数字化具有更广泛、更深远的前景，如果他不能全面接受和利用它，他的公司就会被时代抛弃。于是，他一口气收购了 MapMyFitness、Endomondo 和 MyFitnessPal 三款健身应用软件，并将它们交给 300 位工程师和应用软件开发者。安德玛还通过脸书和社交网络打开局面，在短短三年时间里建立起一个活跃会员超 1.5 亿人的在线健身社区。

安德玛是如何做到的？首先，它运用合作伙伴西风技术（Zephyr Technology）的技术，通过嵌入运动鞋和运动衫的各类传感器采集数据；然后对数据进行分析，例如心率、皮肤温度，以及加速度。除销售产品外，安德玛还将业务范围进行延伸，在领英（LinkedIn）和 PatientsLikeMe 上，创立了多个充满活力的社区。此外，它还收集社区会员主动上传的各类生活数据，例如吃了哪些食物，使用了哪些健身器材。正如通过大数据和分析学重新定义推荐引擎的网飞和亚马逊一样，安德玛将这些数据视为重新定义公司未来的推动力量。普兰克认为安德玛必须建立一种深度信任关系，"了解你储物柜中的每件物品、每次跑步的时间、每件穿在身上的衣服，以及你需要的所有东西和好恶，然后用这些数据建立联系，真正地帮你解决问题"。要想获得成功，安德玛就必须赢得客户信任，这也就意味着广泛的合作，如与格林药房（Walgreens）和胡玛纳（Humana）进行合作。此外还必须持续创新，确保每个用户都愿意在安德玛的平台上谈论健康和健身话题。凯文·普兰克将亚马逊视为参照点："亚马逊 40% 的营收来自推荐引擎。"他希望安德玛能利用人们在线上社区提供的数据，通过人们的行为数据进行个性化推荐。

2016 年 1 月，安德玛公司与 IBM 达成合作，它将利用 IBM 的认知计算技术——沃森，开展数据分析，为客户提供个性化服务。这加强了双方的品牌影响力，通过掌握产品使用信息，安德玛对客户有了更深入的了解，反过来这又让它更加快速有效地获取客户反馈，从而在个性化和定制化方面赢得更大机遇。在数字世界，和只拥有实验室理想条件下的产品研究数据相比，拥有不同场景的产品使用信息的公司更容易取得商业上的成功。

在耐克和安德玛这两个案例中，它们开展的尝试都与既有商业模式存在互补关系，这让它们能够通过测试各自想法，从而重新定义和调整产品。此外，这些实验还反映了以首席执行官为首的领导层对于数字技术重要性的理解程度。他们都亲身参与指导数字化实验，也与外部合作伙伴建立关系或采取必要的收购行动，迈出数字化征程的第一步。这一旅途并不孤单，好好观察一下你所处的行业及其他行业，你就会明白各个行业的传统企业都在接受和吸收数字技术。你因此能更深入更集中地了解正在传统商业模式中开展的边缘实验。许多企业都在尝试与既有商业模式形成互补的创意，但有些企业开展的实验正在削弱它们曾经的成功模式。一起来看看那些正努力摆脱成功陷阱的公司吧！

有些公司的领导者已接受这样一种可能性：当前的商业模式，以及关于行业、业务范围、功能和价值链等边界的假设，在数字时代都将成为过时的产物。因而他们不仅会调整战术计划，还将全面检视转型方式。传统企业已清楚地看到一个事实：尝试是十分必要的。如果看不到潜在的瓦解力量，依然坚持现状基础上的增量式发展，传统企业就不得不面临新贵企业家和数字巨头的强大挑战。传统企业的强大存在感或将陷入四面楚歌的境地。不过近几年来，我发现传统企业的领导者尝试利用数字技术的意愿比以往更强了，尤其是在领导层意识到并接受数字技术的力量和普遍性的企业里。他们很清楚，工业时代发展模式的支点即将发生转移，不能抓住过去的理论和假设不放。

充满挑战的实验，向福特公司学习

为了检验处于传统工业和数字技术连接点的运输业的未来，福特汽车公司前总裁兼首席执行官马克·菲尔兹（Mark Fields）进行了超过 25 项不同的战略性实验。用他的话说："我们向工程师、科学家和技术人员提出了一个挑战，要求他们利用创新技术，而不仅是做出更好的产品。我要求他们通过创新让整个运输体验变得更加简便，以提高人们的生活质量，并在这个过程中让世界变得更加美好。"这些实验涉及的领域非常广泛——采用 4G 网络的遥控汽车、帮助寻找停车位的手机软件，以及用汽车仪表盘控制智能住宅的恒温器。单独看，每一个实验似乎都微不足道，只是一些增量式的改变。但如果整体看，这些实验就能够让福特公司从一家设计和生产汽车的企业转变为一家多式联运服务的提供商，且运输工具不局限于福特的汽车或卡车。菲尔兹认为这些实验，"拓展了我们的思维，改变了我们对汽车的看法：汽车不再只是一件独立的物品，而是更广阔的运输网络中的一部分"。2016 年 3 月，福特汽车公司成立了一家独立子公司——福特智能移动技术公司，同时在加利福尼亚州的帕洛阿尔托和密歇根州的迪尔伯恩开展业务。福特汽车希望子公司结合汽车与移动技术，扩大福特的商业模式。对于一家在 20 世纪提出"私人拥有汽车是个人自由的体现"的公司来说，这无疑是对"汽车必须由私人所有"这一信念的放弃。

这些实验试图回答我在第 2 章中提到的用于指导战略性思考的四个关键问题。这些问题帮助福特看清数字化企业的未来图景，让它从内部、外部发现和建立了有别于合作伙伴的差异化能力，明确了必须调动哪些资源才能推动组织前进。福特公司董事长比尔·福特（Bill Ford）认为，虽然有些实验并未取得成功，但它们提供了必要的见解，有助于企业在数字时代展开竞争，使福特转型成功，成为完全不同于 20 世纪早期创立时的公司。福特可以追随 IBM 的发展路径，减少对硬件的依赖，更多地专注于软件和服务吗？

充满挑战的实验：向通用电气学习

与福特一样，通用电气也一直在开展广泛的实验。过去三十年来，通用电气的成功得益于其作为一家大型联合企业，通过广泛分布的业务组合获取和配置金融资本，从而为股东带来高额回报。杰克·韦尔奇（Jack Welch）领导下的通用电气自成一体，独树一帜。许多大型企业集团都在分崩离析，唯独通用电气取得了广泛成功。接任的首席执行官杰弗里·伊梅尔特（Jeffrey Immelt）正将通用电气改造成"数字化工业企业"。他将带领通用电气展开一场物质与数据相结合的实验。材料科学是通用电气的传统优势所在，但现在他要将这种优势与数据科学联系起来。伊梅尔特的说法是："我从未犯过错误，市场是决定企业成功的唯一要素，要成功就要不断地尝试。"他认为通用电气的工业互联网倡议是该公司最重要的尝试。

伊梅尔特解释说："有些企业从事软件设计，另一些企业则致力于建筑和制造。但通用电气是唯一一家结合了创新技术与工业深度的企业。"这即是说，他要打造一个工业物联网，将产品与采集数据的智能机器联系起来，利用强大的软件为用户分析、优化和定制产品用途。伊梅尔特被迫向发生在消费行业的第一次数字化浪潮取经。他想弄清，主要通过广告和媒体吸引消费者的轻资产行业发展模式是否适用于通用电气所在的重资产行业。具体来说，他对数字化创造新价值的潜力兴趣浓厚。"想想看，标普 500 指数中 15%~20% 的市值都是消费品互联网上市公司贡献的，而这些公司在 15~20 年前根本不存在。传统消费品公司没有抓住这个机会，零售商、银行也没有抓住这个机会。如果我们展望一下未来 10~15 年，你会发现工业互联网领域将创造出同样巨大的价值。"而作为一家工业企业，你是否会无动于衷地说："我不需要这些。让那些新公司或别的什么公司去做这些事情吧。"你真的希望这样自降身份吗？换句话说，如果拿不出一份积极的数字化转型计划，通用电气或其他传统工业企业会发现，未来它们的价值将很快贬值。

为迎合数字化趋势，福特的菲尔兹和通用电气的伊梅尔特主导了一些颇有新闻效应的实验。他们是两位较为著名的企业领导人，此外，还有一小部分企业领导者也意识到，未来并非当前现状的一般推演，且持这种看法的领导者在不断增加。他们深知，过去成功并不意味着未来成功，企业重塑极有必要。

一般来说，技术型创业者对某个特定行业或问题保持着垂直关注度。他们的实验有时为传统工业企业提供帮助，有时又会对传统模式发起挑战。传统企业或者在行业传统势力中寻求补充或扩张，或者抛弃过时的商业模式，自我重塑以顺应未来发展趋势。数字巨头企业在开展边缘实验时则采取了一种不同的方法。我在第 1 章说过，为摆脱直接竞争对手（即其他数字巨头），数字巨头企业往往怀有规模和范围扩张的野心。因此，它们开展的实验主要涉及如何以更新的办法提升规模，或者向新的业务领域扩张。让我们看看数字巨头企业在传统信息领域之外所开展的实验。

数字巨头企业增强跨行业影响力的实验

在第 1 章，我讲述了数字巨头企业向其核心业务之外的领域扩张影响力的方式。正如科技型创业公司向风险投资人说自己的实验将改写各行业商业格局一样，数字巨头企业也在探索向不同行业渗透的方法。通过对医疗保健和商务即时通信这两个不同行业的观察，我们大概可以得出一些关键想法。

向医疗保健行业学习

随着各大数字巨头在医疗保健领域的不断创新和影响力扩张，人们对这一领域的关注也日益上升。事实上，数字巨头们在数字医疗领域已探索多年。目前，几乎所有的数字巨头企业都至少拥有一项处于实验阶段的健康项目。虽然谷歌 2011 年关闭了一个用于储存消费者健康数据的平台，但它从未放弃对健康领域的关注。在全新的治理架构下，Alphabet 组建了一家名为 Verily Life Sciences 的独立子公司，该公司的使命就是回答这样一个问题："如何用科技构建一幅人类健康的真实图景？"目前，它已经成立了多个由化学家、工程师、医生与行为科学家组成的综合团队，以进行有关人类健康和疾病预防的研究。不仅如此，Alphabet 还与强生公司旗下的一个部门联手组建了 Verb Surgical 公司，致力于"用机器学习、机器人手术、仪器应用技术、先进可视化技术和数据算法打造外科手术的未来"。也就是说，它要重新定义外科手术。鉴于 Alphabet 对健康、生命科学及人类寿命的关注，未来十年它必将成为一股不容忽视的力量。

苹果公司在医疗保健领域则采取了不同的发展战略。它推出的智能手机应用平台 HealthKit 可以让开发人员围绕苹果设备中的传感器开发各种健康应用程序；ResearchKit 则是专为研究人员打造的一个软件基础架构，基于这个架构开发的各种应用软件可以收集可靠的医疗数据，并供科学研究使用；CareKit 则是一款帮助个人用户管理健康问题的应用软件。这些软件平台使得各大医疗保健实验室和医学研究机构开展更加广泛的实验项目。时间将会证明，苹果的健康软件必将深远地影响未来的人类生活。

微软推出的 HealthVault 为个人用户收集、储存、使用及分享家庭健康信息提供了一个集中的平台。IBM 也一直尝试将沃

森应用于各种不同的健康场景，这部分内容我将在第 4 章详细
论述。这些实验显示出数字巨头企业利用算法和数据分析的优
势推动医疗保健行业转型的雄心，但业内许多传统企业对此仍
持怀疑态度。它们想知道数字巨头们如何将患者的健康档案数
字化，这些数据分散在医院和患者间，还涉及患者的隐私和安
全。然而随着低成本高质量医疗服务的需求不断增加，医疗档
案的数字化是必然的趋势。作为医疗行业的传统企业，请记住，
数字巨头企业正在实现医疗保健行业的横向整合，正如它们在
其他行业做的一样。

向商务即时通信学习

2016 年，商务即时通信是数字化实验增长最快的领域之
一。它指"以聊天、通信或其他自然语言与他人、品牌商、服
务或聊天机器人互动……最终我们都将通过脸书 Messenger、
WhatsApp、Telegram、Slack 及其他服务，与品牌商或企业对话，
而且我们将对此习以为常"。包括凯悦酒店集团（Hyatt Hotel
Group）在内的许多公司已经在尝试使用通信软件与消费者直接
对话，且得到了不错的反馈。

其次是客户服务机器人。与直接解答问题的 Siri（苹果公
司）和 Alexa（亚马逊）等个人数字助手不同，聊天机器人可
以和你展开对话。这是明显的不同。分析人员统计一次对话中
的轮次，即对话者一问一答的次数，并将一轮对话计为一个

CPS（Conversations Per Session）。目前，一次典型的人机对话通常为一个 CPS，即人和聊天机器人各说话一次，也即一个问答环节。但微软针对中国市场推出的一款名为"小冰"（Xiaoice）的实验聊天机器人在与 4000 万名用户的互动中，其平均 CPS 达到了 23 个。

这个结果的意义何在？首先，微软可以进行"情感计算"实验了，即分析机器与人的对话中的智能与情感的平衡。人类典型的互动方式就是如此，特别是在医生与患者、学生与老师之间。其次，"'小冰'在过去 18 个月里进行了数十亿次对话，大量的对话场景被加入到她的数据库中，这大大提升了她对备选应答内容排序的能力。目前，'小冰'核心中 26% 的数据都来自她与人类的真实对话，她的已知聊天场景已覆盖 51% 的人类日常聊天内容。现在，我们可以说'小冰'已经进入了自我学习和自我发展的阶段。她只会表现得越来越好"。

对此，亚马逊也不甘落后。为了鼓励人机对话，亚马逊投入 1 亿美元建立创业基金，用于资助开发人员研发各种应用软件（亚马逊称之为"技能"）。这些软件可以被嵌入各种产品，包括亚马逊自己的 Echo 和 Echo Dot 无线音箱。每添加一项开发人员推出的技能，Echo 音箱的应用范围就能得到扩展，例如用它玩危险边缘（Jeopardy）游戏，让它从来福车手机应用软件上为你叫辆车或者校准你的霍尼韦尔恒温器。这个平台不仅可以帮助你在亚马逊购物网站上下单，更重要的是，亚马逊借此

亿万人之中
我只属于你

微软小冰

▦ Microsoft

平均 CPS 达到 23 次的微软小冰

可以在新兴的智能家居行业与苹果、Alphabet 展开竞争。与个人电脑和智能手机上的操作系统一样，掌握商务即时通信的公司能对利用或围绕它进行的交易加以控制。当你思考自己的实验项目时，想想商务即时通信将如何改变你与客户之间的力量均势。数字巨头企业正在进行纵向整合，这意味着你的行业将变得更加数字化，它们对你企业的影响力也将不断增强。

既然这么多市场参与者都在以各种不同的方式进行实验，你又该如何发现与你的企业及行业关系重大的项目？你必须竭尽全力地、逐一地研究市场参与者，找出对行业和市场成熟做法构成直接挑战或形成互补的企业，根据它们申请的专利，分析它们的商业模式，关注这些企业的专家在高端会议上推介的研究成果，而后形成自己的想法。这些想法将为你的应对策略提供支持。

两个层面的反应：从观察到行动

从数字巨头、科技型创业公司及行业内其他传统企业的视角观察行业边缘实验，你将更好地了解企业试探各自市场和商业模式的众多方法，以及它们实践这些方法的策略。这些公司的领导者有着同样的特质：当产品定义、行业边界和价值主张的旧有观念全部失效时，对探索尖端数字技术有强烈的好奇心。成功的数字企业领导者看到各种令人着迷的可能性，他们与人合作开展各种开辟光明发展路径的实验，创造属于自己的数字化未来。请记住，这些不是技术实验，而是商业实验；它们不是单一、孤立的方案，而是有序而协调的、互相依赖的实验组合。

有了宽泛的想法，你又该以哪些步骤思考行业内的边缘实验？通过一系列重点实验，你对未来数字化商业理论又会有哪些深入的理解？传统企业对边缘实验的反应分两个层面，第一层是观察，第二层是保证（或者叫投资）。在重要性和接受度上，后者比前者高。

观　察

如果你和你的管理团队认识到并接受数字技术将影响和改变行业的发展，但与其他重要事项相比，也许你并不认为数字化会成为主流和核心，那你就停留在观察层面。这一层面的反应是小幅调整观察发现，感知和追踪暗示事物未来发展情况的信号。如何做到这一点？投身覆盖各个领域的数字创新洪流之中。

当我让企业高管们列出他们关注过的、有关自身商业模式的边缘实验时，我得到的大多都是被动的反应。他们追踪竞争对手的数字技术实验，包括脸书、谷歌或推特的社交媒体实验，新兴企业的手机应用和消费者应用软件，信息技术和数字技术方面的支出，新设立的联盟和合伙企业等。这也就是说他们关注的大多是十分标准的竞争情报和分析模式。通常，他们通过向客户提供经分析过滤的、特定主题的商业情报服务或者咨询公司的报告获取此类信息。

数字化是一股涉及多方面的力量，因而采用系统化的观察方法比较有效。以下问题是观察边缘实验的有益出发点：

1. 你的竞争对手正在公司内部进行哪些数字化尝试？有关数字巨头和新兴企业的最新消息，以及他们开展的实验可能对你产生哪些影响？

2. 你的竞争对手与其他两类玩家进行了哪些合作实验？他们的实验对你行业未来的发展有何重大影响？

3. 越过你的行业边界去观察其他行业，你应该继续关注哪些实验，以获得前瞻性的见解？

前两个问题简单直接，但第三个问题最为重要，因为关于创新、破坏和转型的数字化思维并不存在于预先设定好的行业边界，或与你企业相似度很高的行业内。例如通用电气以脸书为标杆，对如何架构实时操作仪表盘形成了见解；它还将苹果和谷歌视为消费者移动操作系统和软件应用的领导者，以此评估自身对工业领域的平台系统和应用软件的思考。以同样的思路进行同样的观察，对于一家金融服务、家用能源或工业运输行业的公司，亚马逊的对话引擎（Alexa）或推荐引擎能为你带来哪些帮助？

今天，许多零售公司视数字新贵企业为入侵者，它们开会时讨论的主要议题就是如何应对来自数字新贵企业的挑战。但是每家企业都应主动探索用自动算法和机器人改变工作流程和运行流程的方法，这并不只是高科技企业的事情。作为一家传统企业，你或许不愿理会数字化技术的颠覆力量，但数字巨头和科技型创业公司以创新和引人注目的方式，持续利用数字化趋势打破现状。你也应该这么做。

在数字创新中心建立"意义构建团队"。可能的话，在任何一个地方，如帕洛阿尔托、特拉维夫、班加罗尔、上海、纽约、伦敦、柏林或波士顿，派驻一名以上的员工，让其在当地寻找对当前商业模式形成互补或构成挑战的重大趋势。他们就是"意义构建者"。新的技术破坏力不知会在何时何地爆发，他们的存在降低了此类风险。通过与创业公司打成一片，主持并参与创业聚会，出席大学或智囊机构的公开会议，组织、参与和评判黑客马拉松交流活动，以及一些公开的挑战行为，他们观察着各种信号，并根据重要等级对信号排序，然后以你的组织能够理解的语言和词汇陈述。他们首先要观察其他传统企业如何使用各自的前沿团队，其次要将数字巨头正在进行的任务记录下来，最后要报告哪些类型的科技创业理念正得到风投界的青睐。

如果你是一家电信运营商，你肯定想知道其他运营商在硅谷等创新中心里做些什么。瑞士电信运营商 Swisscom 通过其在硅谷的前沿团队与创业型企业进行互动，以此了解自身产品的技术深度和广度。为了发现长期的创新趋势，并进行少数股权投资决策，西班牙对外银行早期在旧金山成立了一个前沿团队。

但为了更广泛地参与金融科技领域的交易，它在 2016 年时关闭了旧金山办事处，转而入股风险投资合伙企业 Propel Venture Partners。这是一个观察和实验后的战略性决策，它不是为了获得高额投资回报，而是为了从风险投资交易的大潮中发现对银行关系重大的子趋势。

如果你是一家产品制造商，你的意义构建团队就是一个数字创新实验室。和劳氏（Lowe's）、家得宝（Home Depot）一样，李维斯（Levi's）建立尤里卡创新研发实验室（Eureka Innovation Lab）以研究影响其业务的各个领域。其中一些实验由李维斯独立开展，还有一些则与其他企业合作进行。

例如缇花计划（Project Jacquard）。在这个可穿戴技术实验中，谷歌与李维斯共同研发用嵌入式电子元件和具有交互功能的纱线制作衣服。简单来说，就是用标准化的工业织布机编织出具有触碰、点击、手势等交互功能的织物。如果实验成功的话，你只需轻轻碰一下袖子，就能接听电话或开启谷歌地图。我们的衣服、家具等日常用品都将变成各种各样的交互界面。这不仅仅将对时尚产业的数字化产生重大影响，还将推动其他产业的发展。

此外，意义构建团队应尝试了解风险投资的模式，并发展出能吸引人的故事。如果从事医疗保健行业，你就要努力了解 Rock Health[①]的数据。如果是一家能源企业，你就要关注纽约

① Rock Health，一家致力于数字健康投资的硅谷基金公司。

和伦敦的宝马能源（Braemar Energy Ventures），或硅谷的优点资本（Vantage Point Capital Partners）和科斯拉创投（Khosla Ventures）等各类风险投资。请关注创业公司的具体量化数据，并研究创投基金的不同投资模式，最终发现早期趋势。

设立前沿团队只是一个起点，你要明白的是，前沿团队的任务是搜集和过滤信息，以供企业内部开展更加深入的讨论。

建立设计工作室探究深层问题。不要满足于列出数字化发展趋势，或写博客和总结报告。经常发表创新主题著作的知名作家沃伦·贝格尔（Warren Berger）建议：设计"框架风暴"会议，因为"当参与者产生疑问时，他们往往会深入研究问题并质疑各种假设"。他们可能会问问题为何存在，为什么它是个问题，也许它根本就不是，在它背后是否藏着更大的问题，如此等等。这个过程还允许人们提出些通常没有人回答的基本问题。我们不仅要知道如何把事情做得更好，而且要知道做事的次序。"框架风暴"会议上提出的问题能激发出创造力，带着问题，观察才成为有用的资源，带来承诺的投资及后续行动。

付诸行动

当你准备好将各种资源投向那些看起来很有前途但又存在不确定性的数字化领域时，你就进入了第二个层面。你可以将这个层面想象成利用战术实验测试数据和分析学的相关想法，虽然它的回报可能十分巨大，但也充满着各种挑战。在这个层面，最重要的是学习。这里不存在失败，只有更加深入地学习。

设计战术实验以检验技术的商业影响。在此阶段，你的重点是了解自己所要采用的技术。它处于哪个发展阶段？你要达到何种程度的投资回报？以及最有可能与哪些企业合作以建立自身的优势？具体技术的可能性是技术提供商的实验任务，密切留意数字技术为企业创造的可能性，而无论这种可能性是有助于改善产品数据，还是与客户有关；也不管它是功能性提升产品或服务的范围，还是让你变得更加敏捷和更加有效。重要的是，通过分析，了解你看中的技术将带来的威胁与挑战。

德国的世界级工业企业西门子公司花费 5 年时间，投入约 10 亿欧元，建立了一个名为"下一个 47"（next47）的独立部门（西门子公司成立于 1847 年）。它的设立是为了与内部员工、外部创业公司，以及其他传统工业企业合作，共同加快颠覆性技术的应用，从而与通用电气及其他工业巨头展开竞争。它在美国、以色列、中国和德国分别设立办事处，完全从母公司独立出来，只在需要时利用西门子的专业技术。

将每一个实验当成一次学习机会。实验初期，尽量别去预判实验结果。对数据暗示的可能性及消费者、合作方的反应持开放心态，而非寻求一个具体结果。这些实验结果会把你引向其他人从未想过的方向。

在首席执行官鲍勃·麦克唐纳（Bob McDonald）的领导下，宝洁公司利用脸书开展了数百次数字实验。社交媒体的使命是为用户提供深入而匹配的内容，宝洁据此得以调整营销活动。通过 7 年时间里的多次迭代实验，宝洁在平面媒体、电视、户外广告、社交平台等不同媒体上，形成了一套分配营销资源和广告资源的严谨做法和分析方法。更重要的是，对于如何最大化利用脸书和谷歌的大数据流，从而在组织内形成自身所需的新技能，宝洁公司有了至关重要的理解。

利用创业公司和数字巨头的算法和数据分析，你可以和它们合作开展哪些营销实验，从而理解自身客户？这些实验能够让你更好地了解竞争对手正在进行的实验吗？

仅仅被动观察数字化趋势是不够的，你要：

"打湿鞋，试试水"，着手开始自己的战术实验，怀着开放的眼光和心态，大范围地审视其他行业的边缘实验，想想如何将它们用于你的企业；

横向思考产品在设计和功能性上的变化，其他企业推出的传感器及产生的数据将如何改变你的行业；

大胆地让用户试用并提供反馈，无论是与他人分享理念，建立原型样品，还是与其他公司合作，你得把你的实验推向全世界；

通过与目标用户和合作伙伴建立强有力的联系，创立高活跃度的社区以帮助实现自身目标；

开发生态系统，将各种战术技巧融入协同实验组合中。

　　为下一阶段——商业模式的核心冲突的数字化转型做好准备。这是数字化趋势强度加大和成为现实的阶段，对其含义的理解比前面任何阶段都更加有意义，也更加重要。

第 4 章
核心冲突：适应新的商业环境

美国电话电报公司、黑莓、百视达、鲍德斯书店、美国迪尔、戴尔、惠普、IBM、英特尔、柯达、微软、诺基亚、甲骨文、辉瑞制药、飞利浦、夏普、索尼、德州仪器、丰田、施乐，听到这些名字你会联想到什么呢？百视达和鲍德斯书店或许已不再家喻户晓，但是美国电话电报公司、IBM 和微软依旧闻名于整个世界。因此，这并不是一份被"技术海啸"掩埋的公司名单。

它们的共同之处是：它们都面临来自科技型创业公司和数字巨头的新商业模式的挑战。百视达、柯达和鲍德斯已宣布破产，到目前为止，其他公司成功经受住了各自商业模式所遭受的核心冲突，并适应了新的商业环境。你的公司能从它们的经历中获得哪些启示？

你是否做好了调整和转型的准备？

你可能认为，某些企业失败的原因是它们的行业重信息、轻资产。而自己的行业重资产、轻信息，因此不会受到数字巨头和新兴科技企业正在构建的商业模式的冲击。我现在就可以告诉你，这是一个十足的谬论。

早晚有一天，每个行业的传统企业都将与科技型创业公司或数字巨头发生冲突。它们对产品和服务的设计及交付持不同看法，对企业的创收和盈利方式也有不同理解。即便你的企业和行业还未进入核心冲突阶段，了解"过来人"的经历并汲取前车之鉴也很有意义。边缘实验的发展十分快速，许多公司发现得太迟，以至于无法保证自己是否能继续活下去，因此，了解核心冲突是如何发生的也将帮助你做好应对的准备。

回想一下数字化矩阵的九宫格面板，中间一行分别代表的是三种类型的市场参与者所经历的各种冲突。

冲突发生的标志

你是否开始留意行业之外那些正在对你的商业模式构成挑战的公司？你是否发现那些利用数字技术为客户提供价值的创新成果？你又是否看到昔日的实验经过改进后，变成了能够挑战传统做法的成熟商业理念？如果你发现你的企业正处于这个阶段，或者你相信这一阶段即将到来，那么你就该将数字化提上公司管理议程，视其为公司成长和盈利的根本推动因素。

一旦发生冲突，企业就很容易感受到威胁其生存的竞争压力，它就会开始注意到数字化转型的必要性。一开始，你会在某个领域感到压力，接着扩散到两个领域。

战略冲突。你（以及传统行业中与你有竞争关系的现有企业）的传统战略逻辑会与更加数字化的新逻辑产生冲突。新模式可能来自其他行业中提早开始数字化转型的传统企业，也可能来自诞生不久的科技型创业公司或数字巨头。

组织冲突。你的组织模式——诞生于 20 世纪工业时代的传统架构、流程和系统，与诞生于数字时代的其他组织模式产生了冲突。在这种情况下，数字时代的组织模式使传统组织模式显得低效。随着时间的推移，传统的组织模式将越来越少，直至消失。

从历史上看，在不同的等级体系和职能部门中，我们将战略形成（关注商业模式和竞争策略）和战略实施（关注组织模式和执行策略）视为两个独立的方面。数字化矩阵的核心理论是，战略冲突和组织冲突的互相依存度日益增强且同时发生。此外，数字时代的公司再无须以功能、等级，乃至在企业内部和企业之间区分战略和组织模式。对数字企业而言，信息技术并非首席信息官下面的一个职能部门。信息技术本身就是企业存在的理由，也是它制订计划的方式。因此，它们没有一个独立的首席数字官，也无须设立独立的数字创新部门。正如微软首席执行官萨蒂亚·纳德拉（Satya Nadella）上任时所说："今天你所拥有的任何组织形式都不重要，因为任何竞争或创新都将对这些界限视而不见。如今，一切事物的周期时间和响应时间都被大大压缩了。"

换句话说，即便是微软这样成功的大型企业，其核心商业模式也面临着这种冲突。作为一家封装软件公司，微软过去的战略和架构将无法抵挡其他数字巨头和科技型创业公司的竞争威胁，因为可移动性和云计算决定了它们的商业逻辑。我们可以通过一个案例，看看这种冲突如何在一个具体场景中发生。

为数字时代重新设计的家用恒温器：向霍尼韦尔公司学习

恒温器的作用是调节住宅或商业建筑内的温度。霍尼韦尔公司的恒温器是典型的工业时代产品。在 1956 年前后，亨利·德雷福斯（Henry Dreyfuss）设计了这款恒温器，此后它长期在美国生产并通过家得宝、沃尔玛和西尔斯等传统渠道进行销售。过去 50 年，它在设计上几乎毫无变化。其销量也可预测——完全取决于建筑行业和住宅定期更换的模式。相对之下，它在全球的销量和市场份额更为重要。霍尼韦尔与家得宝、塔吉特、劳氏及 Ace Hardware 等分销商的关系至关重要，市场地位也一直岿然不动。它长期主导着全球恒温器市场（30% 的市场份额），另外两大竞争者是江森自控（Johnson Controls）和艾默生电气（Emerson Electric）。

2011 年 10 月，一家名为 Nest Labs 的小型创业公司推出了一款新型恒温器。该公司自称这是一款"会学习"的恒温器——它会记住用户在回家或外出时设置或重置的温度。一周后，它会自我编程进行能耗优化。如有必要，用户还可以通过智能手机应用程序修改设置。

如果你是霍尼韦尔公司的高管，这款新产品会令你担忧吗？或许不会，即便托尼·法德尔（Tony Fadell，Nest Labs 创始人，iPod 设计师）宣称："霍尼韦尔恒温器控制着美国 10% 的能源消耗，但它没有跟上技术与设计的步伐，这是不可接受的。"你或许认为，这款新型恒温器不过是该行业开展的一场边缘实验，未来它可能会有些影响，但目前还不值得给予过多关注，即便这家创业公司背后有著名的硅谷风险投资公司凯鹏华盈提供支持。毕竟，风险投资家的技术投资大多都没成功。与许多工业企业的管理者一样，你可能认为这款恒温器就是一个新型的专业硬件，不可能像软件创新或电子商务那样带来巨大的威胁。

2013 年 10 月，Nest Labs 又推出了 Nest Protect，这是一款具有 Wi-Fi 与移动联网功能的烟雾和一氧化碳探测器，一旦发现问题就可向用户手机发出警报。假如你是霍尼韦尔公司的高管，Nest Labs 推出的这款延伸产品会引起你的关注吗？或许你会有一点点触动，但你可能会说，无论是规模还是影响范围，霍尼韦尔庞大的分销渠道都是这家创业公司无法企及的。相反你可能会用更多精力来对付江森自控和艾默生电气的竞争威胁。

三个月后，2014年1月，谷歌以32亿美元买下了员工数不足300人的Nest Labs。2015年11月，它的员工数猛增至1100人左右，他们所掌握的技能与霍尼韦尔或江森自控的员工完全不同。在谷歌的支持下，Nest Labs收购了一家网络摄像头公司，同时还推出了一个家居安全与自动化平台。

2016年初，作为Alphabet旗下的独立子公司，Nest Labs成功研发出Works with Nest平台，该平台通过一款智能手机应用程序，可将所有的家居设备连接在一起，建立一个由惠而浦、Fitbit、梅赛德斯奔驰及其他大牌产品所组成的生态系统。当你快到家时，你的奔驰车会向家里的恒温器发送信息，将房间里的温度调到最合适。为了享受非高峰时段更低的用电成本，你的惠而浦洗衣机还会自动推迟工作时间。

现在，如果你是霍尼韦尔、江森自控或者艾默生电气的管理者，你会感到担忧了吗？

你当然会，因为恒温器（以及烟雾探测器和其他相关产品）的数字化已不再是一个边缘实验。它的技术已经实现了从模拟到数字的转换，因为与其他产品实现互联，它也成为更广阔的平台和生态系统的一部分。霍尼韦尔如神话般存在的恒温器诞生于工业时代，曾获得过多项工业设计大奖，但它现在与一个由硬件、软件、连通性及各项服务所组成的数字生态系统产生了冲突。在工业时代，霍尼韦尔可以独自为其产品制定一个有效的战略。但现在，它所制定的战略只能成为数字平台和数字生态系统的一部分。

这就是核心冲突，霍尼韦尔（以及行业内的其他传统企业）与 Alphabet 及其拥有的数字技术成为竞争对手。2013年时的霍尼韦尔完全有理由对 Nest Labs 视而不见，但从2016年初开始，传统家居生活和由物联网、移动操作系统、数据分析及云技术所催生的智能家居发生冲突。2013年，Nest Labs 只是一个边缘实验，但现在的它正在向霍尼韦尔发起正面挑战。未来，它还将对其他更多行业的公司构成威胁。

霍尼韦尔应该如何应对呢？它设计了一款名为 Lyric 的数字恒温器，并将其加入自己的产品组合中。但 Lyric 要想获得成功，霍尼韦尔的转型之路还必须更加全面一些，而不能只依靠这一款数字产品。此外，霍尼韦尔可能还要改革公司的组织模式。

Lyric 应采用哪种软件操作系统？这是霍尼韦尔面临的一个亟待解决的战术问题。一开始，它选择的是 Nest Labs 母公司 Alphabet 的安卓操作系统。后来霍尼韦尔又扩大了它的软件范围，让 Lyric 能兼容苹果的 Homekit、三星的 Smart Thing 和其他相关标准。这些标准都在争相融入智能家居中心。对霍尼韦尔和每一家生产数字互联产品的公司而言，数字化转型的核心是 OS 软件系统的使用。

因此，核心冲突并非两家工业巨头利用数字化趋势升级和重新设计各自产品这么简单，它是一家工业企业与一家数字巨头的互相竞争（也可能互相合作）。这才是数字化矩阵的核心，它改变了我们对竞争与合作的传统看法。关于这一点，我将在第 7 章中展开论述。

霍尼韦尔在管理上面临的一个更大的战略问题是：如何将 Lyric 连接到更大的生态系统中去？与作为独立产品而存在的传统恒温器不同，Nest Labs 恒温器是一个生态系统的一部分，其他 Nest Labs 产品和外部合作商的产品构成了 Works with Nest 生态系统。这个平台的优势在于，随着新的合作伙伴的加入，平台的规模将指数级扩大。

不仅如此，依托平台的数据采集能力，生态系统中的所有合作商都可根据产品的使用信息提供针对性服务，从而增加业务收入。

虽然托尼·法德尔 2016 年 6 月离开了 Nest Labs，但 Alphabet 依然认为 Nest Labs 在其影响和控制家居生活的路线图中占有重要地位。Lyric 生态系统将如何与 Nest 生态系统展开竞争或实现互联？Lyric 会成为 Nest 或其他公司建立的数字生态系统的一部分吗？

从这个案例中，我们可以获得两个重要的教训。第一，诞生于工业时代的产品迟早会遭遇来自数字时代产品的竞争。这个时候，它已经从产品竞争转变为一个或多个生态系统内的不同产品间的竞争。这些生态系统以数字技术重新定义产品的功能，基于产品实际使用所生成的数据，通过提供附加服务来改变价值定位。除了让房间保持在适宜温度，或者在烟雾或一氧化碳浓度达到危险水平时报警，Nest 还利用实时监控和云技术为家居生活提供一份舒适和安宁。换句话说，内嵌于数字生态系统的产品实现了更加广阔的价值定位。

第二，价值定位发生变化后，盈利模式和利润动机也会随时改变，这就意味着组织模式也要做出相应变动。Nest 的核心竞争力是硬件设计、软件应用、算法和分析方法，这与传统企业迥异。Nest 符合 Alphabet 的产品组合和工作方式，而 Lyric 及其他更多数字产品则无法与霍尼韦尔和其他工业时代的公司相容。

霍尼韦尔在数字化转型过程中面临的技术风险与 Nest 不同，因为 Alphabet 对技术风险有更好的控制能力。霍尼韦尔或许对分销和营销渠道理解得更加深入，但 Alphabet 旗下的 Nest 是否难以理解和区分这些问题呢？数字化重新定义了核心组织能力和工作方式。

工业企业（如霍尼韦尔）和数字公司（如 Nest）之间的核心冲突不仅只是技术架构问题或产品路线图的微小变化，核心冲突涉及战略模式和组织模式。传统企业不仅要认识这种冲突，更要找出应对之道。聪明的领导者必须带领企业拥抱数字化，并作出必要改变，不论改变是多么艰难和令人生畏。理想的变通之道是不存在的。

如何拥抱数字技术并作出改变？

传统企业并非不具备适应变化的能力。关键在于，转型的成败最终取决于在数字化方面的投入，即在硬件、软件和移动应用等方面的投资、新公司的收购，以及新的合作关系的建立。在和数字时代的数字公司竞争时，构建新的组织能力这一点也同样重要。

当然，霍尼韦尔和 Nest 之间的冲突并不是唯一的，许多行业内都在发生着类似的冲突。例如，全球连锁酒店行业就面临着来自爱彼迎的竞争威胁。作为回应，在全球拥有 3900 家酒店的雅高酒店集团（Accor Hotels）发起了一项全面的数字化转型战略——将自己定位为"数字酒店"的领导者。它将投资 2.5 亿美元改造旗下酒店的数字基础设施，通过集成的手机应用软件为客人提供一键订房、电子支付、在线登记入住和实时反馈等"无缝旅程"个性化服务。

那么，当一种全新的商业模式对你现有的商业模式构成威胁时，恰当的应对之策是什么？即便你一直在关注边缘实验的进展，同时还开展着自己的实验，你又应如何利用不断变化的商业环境，而避免被其所吞灭？汽车业进行的尝试可以为你提供一些启发。

汽车：连接到云的车轮上的计算机

在日新月异的交通运输行业，是时候提这样一个问题了：到底什么是汽车？是 19 世纪末被我们称为"不用马拉的马车"的工业内燃机？还是连接到云的，由拥有数百万个软件代码的计算机所组成的网络？21 世纪，汽车的更合理定义是什么？

直到 20 世纪末，汽车仍被视为一种围绕着一系列周边服务的实物产品，这种观点显示不出汽车业作为线性价值链所发挥的作用，限制了我们的思维方式。通过将汽车业视为软件、娱乐、通信和云技术的一个交叉点，我们看到一个移动与交通生态系统的雏形。在这个生态系统中，汽车行业与其他行业互联，并围绕移动性和交通运输提供更广泛的价值定位。这与福特汽车的比尔·福特和马克·菲尔兹表达的观点一致，即汽车行业要想在核心冲突中存活下来，就不能只把汽车看成一种实物产品。持有这种看法的不仅仅只有这两人。

拉斯韦加斯的国际消费电子展（Consumer Electronics Show）通常是汽车公司的首席执行官们发表主旨演讲的舞台，但 2012 年这一届有些不一样，迪特尔·齐泽（Dieter Zetsche）作为德国戴姆勒公司董事会主席发表的首次演讲才是展会亮点。他指出："在这里，人们把汽车视为消费电子产品的一个配件；然而在底特律车展上，许多人却认为消费电子产品只不过是用来装饰汽车的点缀之物。这两种观点都没有抓住一个要点：既然智能手机不仅是一个通信工具，智能汽车同样也不会仅仅是一种交通工具。在通信与移动性的交叉领域中隐藏着巨大的创新潜力，我们打算好好地利用它。"戴姆勒是梅赛德斯奔驰的母公司，它意识到不同行业可以共同构成移动交通生态系统，并已经开始与谷歌合作，将谷歌地图及相关的搜索程序移植到奔驰汽车的仪表盘上。这些实验的目的是通过车载信息系统为奔驰汽车用户提供全面服务。

21世纪前15年（甚至更早），许多科技型创业公司、数字巨头，甚至传统工业企业都在尝试开展汽车领域的边缘实验。正如宝马汽车公司移动业务部门的策略主管托尼·道格拉斯（Tony Douglas）所说："我们不仅生产运输硬件……我们还必须更大规模地涉足服务业。"汽车公司主要通过与数字巨头合作的方式来提供此类服务，它们主要关注的是安全性（监测安全气囊布局及通过蜂窝链路非法开锁）、导航（通过语音提示提供路径规划）、便利性（通过手机软件提供道路救援服务）、通讯（车载Wi-Fi热点），以及娱乐（利用流媒体技术将音乐和游戏集成到汽车仪表盘）等领域的服务，并以数字渠道提供这些服务，从而获得更多收入，提升利润水平。通用的OnStar、福特的SYNC、奔驰的Mbrace和丰田的Link等专属数字系统也提供了一种差异化服务的方法，是对其汽车技术的补充。

然而，近来不少这类实验已经开始对传统企业的商业模式构成挑战。随着汽车变身为"车轮上的电脑"，尤其是混合动力汽车和电动汽车的增长，谷歌和苹果开始寻求更大的影响力。谷歌已经将其安卓系统的应用范围从手机扩展到汽车上，其安卓车载系统方案被应用于车载导航系统以外的地方。驾驶员因而可以通过触屏、按钮操作和语音命令的方式，完成GPS地图成像／导航、收听音乐、收发短信、电话通话、网页搜索等功能。不仅如此，它还能兼容其他各种地图和音乐软件。同样地，苹果也通过CarPlay将iOS操作系统扩展到汽车上。CarPlay具有类似的控制功能，也能与其他软件兼容。这两大数字巨头都在通过各种办法让主要的汽车制造商成为它们不断扩张的生态系统的一部分。

更重要的是，谷歌已经成功展示了它的自动驾驶汽车项目。谷歌汽车的自动驾驶里程已超过1500万英里。不仅如此，它在2011年末还获得了一项与自动驾驶有关的重要专利。谷歌还与菲亚特达成了合作研发下一代汽车的初步协议。据说苹果也在开展一项秘密汽车项目，与此同时它还向一家中国的汽车共享公司——优步的竞争对手滴滴打车投资了10亿美元。

到2016年初，所有人都越发明显地感受到传统车企与数字巨头之间的冲突。齐泽就此评论说："凭借庞大的技术深度，西海岸的高科技企业与汽车业的结合将带来机会……我们不恐惧。我们对自己的实力很有信心。"同一时间，丰田的一位高管也表示："汽车制造商不希望汽车只是一种商品，我们只提供一个空壳子，然后由别人往这个空壳子里塞入真正具有附加值的东西。"

宝马的托尼·道格拉斯认为："交通运输业展现颠覆性力量的时机已经成熟。我们要么为这种颠覆性力量增加动力，从即将出现的新商业模式中获益，要么把这个机会拱手让人。"这三种言论准确体现了数字化转型在这个发展阶段的紧张关系。如果以数字技术能力为区分标准，汽车制造商不具备任何优势，它们会被迫成为这个生态系统中的商品提供商，就像个人电脑和手机制造商成为更庞大的软件生态系统的一部分那样。

或许我们还不知道 2025 年时汽车上使用的主流操作系统是什么，就像 21 世纪初的我们无法预计手机上将会采用哪种操作系统一样（那时的苹果和 Alphabet 在手机通信领域还没有任何影响力）。但我们确信，在数字巨头企业朝着基于数字技术的多式联运目标努力的过程中，它们将对汽车业造成巨大影响。到那时，传统汽车企业的管理者面临着两个选择。

1. 软件是汽车制造商发起攻击的武器吗？

与谷歌、苹果及微软相比，传统汽车制造商十分清楚自己软件能力的局限性。但每个汽车制造商都面临的战略问题是：汽车行业会重走个人电脑和手机的老路吗？也就是说，汽车业是否会像个人电脑（从 20 世纪 80 年代中期的 IBM 转向 90 年代中期的微软）和手机（从诺基亚和黑莓的功能机转向安卓智能机和 iPhone）一样，发生从硬件向软件的价值转移？当汽车变成"连接到云端的车轮上的电脑"时，汽车制造商又该做些什么来捍卫自身的独特地位和特殊价值？所有的汽车制造商都认识到传统的商业模式必须向数字化转型，但问题是怎么做？投资打造自己的软件系统，还是与科技型创业公司或数字巨头企业合作？在本书第6、7章中，我会阐述一些取胜策略，并探索这些无法回避的问题。

2. 应用软件或应用商店是汽车制造商防守的利器吗？

即便汽车操作系统在能力范围之外，但汽车制造商是否能通过掌握应用商店的控制权，进而以服务和用户留存来创造收益和利润呢？汽车企业应该建立专为汽车打造的应用商店，还是把这项任务交给数字巨头？就此，福特汽车公司定义了一个三层架构：

（1）出厂前便内置于车辆的应用程序。

（2）经销商安装在车辆上，用于提供本地服务的应用
程序。

（3）汽车司机和乘客添加的应用程序。

这个架构将三类应用程序联系在了一起。渐渐地，冲突的侧重点转向了由谁来掌控这个应用架构和应用商店。

随着产品趋于数字化，应用程序成为产品联网的中心环节，汽车行业的例子阐释了适用于各个行业的各种问题。核心冲突涉及传统工业企业的运营流程和运营实践。作为一家传统工业企业，你要在更广阔的行业解决方案背景下（未来十年这些解

决方案可能变得更加重要），反思以产品为中心的传统决策；你还要学习怎样与其他传统企业、科技型创业公司及数字巨头企业合作与竞争。

即便你所在的行业还未进入核心冲突阶段，你也可以并应该开始了解其他行业会在什么时间、以怎样的方式出现核心冲突，并借此预测自己所在行业将发生的变化。观察其他相近的行业肯定能帮助你，但把视野放得更远一些也很重要（有时甚至更加重要）。但无论如何，最终你都会形成两个层级的应对策略。

两层级对策：共存，然后改变

数字商业模式首次登场时，其形象是模糊的、非良构的和粗陋的。大多数传统企业并未看到它的差异化价值，也没察觉到它的竞争威胁。**事实上，20 多年的研究已经表明，传统企业没有意识到各种颠覆性的变化，因而也未能制订有效的应对策略。**亚马逊首先提出电子商务，沃尔玛如何应对？巴诺书店怎样与亚马逊竞争？百视达如何应对网飞？大英百科全书又如何面对微软的电子百科全书 Encarta，以及后来的维基百科？黑莓与诺基亚怎么与苹果的 iPhone 手机一争高下？微软针对 iPhone 制定了哪些对策？这些案例中的传统企业都没有意识到数字创新的伟大意义，没有预料到即将到来的冲突的猛烈程度。现在，既然你已受到了各种颠覆理论的教育，我希望你不要忽视来自科技型创业公司和数字巨头的威胁。但在我看来，即便你看到了这些威胁，也不一定能够轻松制订及时有效的对策。所以我给出了以下建议。

共存：让客户价值决定商业模式

当你发现来自数字创业公司的潜在挑战时，早期的最佳对策是成立一个部门，让其专门负责构建一种与之展开竞争的数字化商业模式。因此从本质上说，你是在同一组织架构下构建一个传统商业模式和数字商业模式共存的格局。以网飞为例，在里德·哈斯廷斯及其团队寻找一种最佳方式来逐步摒弃传统商业模式的过程中，其原有的 DVD 邮寄租赁业务与新的流媒体视频模式就处于两者共存的状态。当然，这会让企业面临一些常见的挑战：数字部门发展和成长所需的资源分配不足；与新创公司和数字巨头展开有效竞争的数字能力不足；管理层的精力分散于传统部门和新部门，从而导致两者都不成功。我们必须想方设法解决这些问题。

当你在传统架构下培训一家数字化企业时，请从以下三个方面入手：

加强价值成本优势。数字化商业模式并非一开始就在所有方面具有优势：存在超出专业知识范围、陡峭的学习曲线，以及与其他产品服务关联度不足等问题。因此，有些企业对创新持谨慎态度，它们在等别人消除这些早期问题。你要做的是使用各种潜在的分析方法（如"蓝海战略"）来加强你的价值成本优势；同时在差异性和低成本两方面发力，在尚未开发的新市场中创造价值，而不是想方设法地击败竞争对手。让客户价值成为你的优先考虑，并形成相应的商业模式，而不是让行业决定你的商业模式。想一想如何利用风险资本家杰弗里·摩尔（Geoffrey Moore）的"竞争力层"理论来强化和描绘你向市场提供的产品，即像投资人一样思考。首先评估所在行业的竞争力，然后逐渐磨炼自己在行业、特定细分市场，以及生产同类产品或提供同类服务的竞争对手中的竞争力。举例来说，霍尼韦尔或许可以探索一些方法，利用其生产的传统恒温器与竞争对手展开差异化竞争，为那些当前不存在竞争的市场中的客户创造低成本价值。传统汽车制造商也可以借鉴这一逻辑。传统连锁酒店业可以更加大胆地打造鲜明的特色和提供一流的服务。比如雅高集团在某些酒店提供无餐厅（或酒廊）、无桌子，甚至无衣柜和抽屉的房间，酒店大厅里也没有服务人员，但它们以相当于二星酒店一半的价格为客人提供同等舒适品质的大床。

审视联盟优势。 在考察新的数字化商业模式选项时，想想如何利用盟友来保卫自己的传统商业模式。举例来说，2015 年 8 月，戴姆勒、奥迪和宝马三家德国汽车制造商共同投入巨资购买了诺基亚公司的 HERE 地图产品，以对抗其他同样购买了这项技术的汽车制造商。当 AppleWatch 正式向传统制表行业宣告成功研发出智能手表时，高档手表制造商豪雅表（TAG Heuer）立即联手谷歌和英特尔公司，共同研发了一款互联网手表，作为对其传统产品线的补充。

评估收购优势。科技型创业公司通常希望被大公司收购，那些对你的商业模式构成挑战的公司更是如此。当风险投资人的首轮资金用完后，它们可能不缺乏把公司规模继续做大所需要的技术或资源。相比 IPO，某些公司更喜欢被收购，而此时你的工作就是搜寻那些具有收购价值的公司。收购完成后，你或许依然希望将这些创业部门从核心业务中独立出来，让它们享有充分的自主运营权。沃尔玛的电子商务计划全部归在 @WalmartLabs 部门下，该部门完成了对包括 Kosmix、Vudu、Grabble 和 Yumprint 在内的十几家公司的收购。@WalmartLabs 与沃尔玛的核心大卖场业务及其他被收购企业是彼此共存的关系。

把这个共存阶段看成叫醒服务吧。你想要清晰、明确地描述现有商业模式的独特价值定位，并以此维持收益和盈利，但与此同时你还认识到不应低估或弱化数字化替代方案。将传统商业模式置于核心地位，同时尝试一些具有创新性的数字化替代方案，并将其视为对核心商业模式的重要补充。在此阶段，传统的工业化商业模式与新兴的数字化商业模式在你的企业内是共存关系。物理范畴和数字范畴互为补充，有些公司甚至会将这种共存状态维持相当长的时间。传统模式何时淡出？数字模式何时进入？对此并没有一个预先设定好的时间框架，这完全取决于你的战略决策。或者就像我所说的，何时"改变你的商业模式"。

改变：利用好转型窗口期

两种商业模式的共存是暂时的。正如产品、技术和服务一样，商业模式也有生命周期。直观说来，这就像一个字母 S：一端代表着诞生（或创造），中间的曲线部分表示商业模式的成长和采纳，另一端则代表着死亡（或过时）。通常情况下，S 曲线的一端表示一种新商业模式的开端，这意味着在数字化转型的早期阶段，传统商业模式获得了较多关注，因为它更加为人们所熟悉。但随着时间的流逝，当你向新的数字化商业模式投入更多资源时，你的核心商业模式就从传统模式转变为数字模式了。回顾历史，传统企业常常与转折点失之交臂。因为从 S 曲线的起点往前看，前面是一片模糊的弯曲道路。只有回头看，我们才能看清那些被错过的关键转折点。

因此，在核心商业模式的转变过程中，请利用好转型窗口期，并遵循以下三个原则：

剥离传统业务，专注新的数字核心业务。这一阶段的主要任务是转移工业时代的业务重心。其中一个有效策略是重新调整业务范围，而非简单地增加数字业务的占比。想一想你可以剥离出哪些资产，从而把重点放在未来的可能业务上，而不是解决当前问题。例如，通用电气砍掉了它的金融部门和其他非战略性资产，专注于利用数字技术和数据分析提升交通、建筑、电力和医疗保健等行业的效率。同样，IBM也剥离了包括个人电脑和零售终端在内的低价值业务，将注意力转向认知计算和物联网等新兴领域。在内部能力还达不到要求时，将亚马逊、微软和IBM等云服务提供商视为建立核心数字能力的可能选项。如果来不及剥离传统资产，请试着考虑分离传统资产，这样，你就能将精力放在那些很可能在下一阶段成为你二次创新的基础的事情上。

通过并购将数字化能力纳入核心业务。在共存阶段，许多企业都以并购获得最初的数字化能力，而且它们通常会保持被并购业务的独立性。在第二阶段，对被并购企业的整合是非常重要的。这样可以强迫你学习被并购企业的数字化商业模式，推动企业内部的战略改革和组织改革。举个例子，为了从收购Cruise Automation（一家拥有无人驾驶汽车技术的科技型创业公司）的行为中获益，通用汽车公司现在必须吸收它的技术，向其新建立的无人驾驶工程团队发起挑战，以此重新定义和发展通用汽车自身的核心业务。同样的道理，戴姆勒、奥迪和宝马现在也必须将HERE地图的功能整合到它们自己的汽车上，并且还要优于那些数字巨头企业的汽车路径规划技术。为了加快数字化转型进程，丰田汽车必须将其在 2016 年收购 Jaybridge Robotics 时获得的 16 名工程师融入到公司中去。最近，孟山都收购了一家名为 Climate Corporation 的公司。这是一家分析天气、土壤及其他数据以帮助农民实现产量最大化的数字化农业企业。到目前为止，孟山都一直在尽量保持它的运营独立性。但由于孟山都的公司定位是根基重塑，它必须马上进行整合，并将数据科学放在整个公司的核心位置。

我希望在传统工业企业与科技型创业企业之间看到一种更加持久的收购和联盟方式。如此，传统企业才能转变自身核心业务，并在下一阶段与数字巨头展开针锋相对的竞争。要做好这种准备，你必须将数字化放在核心位置，这就涉及我们的下一个原则。

将数字化商业思维置于核心地位。为了切实改变商业模式，你必须摒弃传统思维方式，拓宽思路，而不是只盯着产品、服务、行业或各业务单元。你要思考的是与谁合作，以从未想过的方式向从未涉足的地区提供产品和服务，从而为客户带来价值。

以《纽约时报》为例。同行业的许多传统报社早已不复存在，但一家名为《赫芬顿邮报》的数字媒体在读者数量上超越了《纽约时报》。这份传奇式的报纸如何应对其商业模式所面临的核心冲突呢？《纽约时报》一次内部剖析得出了以下结论：尽管《纽约时报》一直保持着新闻业的领先地位，但它并不擅长"将新闻传达给读者的艺术和科学……我们对数字时代出现的这一问题重视得不够"。于是，报社管理层请一些员工就公司的数字化创新给出具体建议。他们要求管理层"重新评估包括人才队伍、组织架构、业务内容和运营方式在内的所有方面"，"反思以平面纸媒为中心的传统商业模式，依据实验和数据作决策，雇用并下放权力给合适的数字技术人才"。换句话说，报社必须重新思考以下问题：如何设计报社网站首页？移动网络版的《纽约时报》应该有哪些内容（手机读者的新闻消费习惯是不一样的）？《纽约时报》在社交媒体上的呈现方式是什么（在社交媒体上，新闻的重要程度由社交活动决定）？《纽约时报》正在向其以平面纸媒为中心的商业模式发起挑战，同时还在重新构想未来新闻编辑室的样子。

以华尔街和硅谷常见的数据分析为基础向农民提供建议，孟山都通过这种方式正逐渐成为以数据科学为驱动的农业领域（通常指精细农业①）领导者。当战略模式与组织模式发生冲突时，这就是我们需要的数字化思维的宽度。任何一方面做得不到位，都会导致不足和低效。

---

①精细农业，指结合数据分析，综合考虑天气、土壤、杂草、虫害和病害等因素，实现风险最小化和产量最大化的农业。

随着趋势发展，传统工业与新兴数字化企业共存的混合模式将显现出其局限性，两者将彼此抵触，无法与市场需求相匹配。在某个时候，成功者会完全接受数字化的商业模式。终有一天，所有行业都将数字化。一旦放弃低效的运营方式，你就开始变成科技型创业公司的样子了，只不过你的规模更大。除了意识到数字巨头企业的力量和能力，你还将看到自身专业知识、所在行业的具体问题与数字化思维结合后，你所拥有的与其他市场参与者一样的权利和能力，它将帮助你成为下一阶段的领导者。当然，仅仅关注一代代的数字技术和转变商业模式是不够的，永不掉队的关键是吸收当前数字技术，并实现根基重塑。这也是我们下一章将要讨论的主题。

第 5 章
根基重塑：商业逻辑的转变

你属于哪个行业？毫无疑问，就像历任管理者一样，你肯定曾被问到过这个问题。自从《哈佛商业评论》在 1960 年发表了莱维特教授的名作《营销短视症》（*Marketing Myopia*）后，这一问题及类似的问题就经常在世界范围内的课堂和会议室中被提及。但在行业及企业普遍实现数字化的背景下，你有结合数字技术对这一问题进行过认真思考吗？

再次发问："你属于哪个行业？"

当传统商业模式与逐渐入侵的数字化商业模式发生冲突时，传统模式的生命力就已所剩不多。这一点已无须过多说明。你很清楚，要想站稳脚跟，就必须重塑自身业务根基。观察其他企业的商业逻辑有助于你建立自身的商业逻辑：科技型创业公司在其他行业中进行了哪些创新？其他传统企业正以哪些方式重塑商业模式？重点是要想方设法地搞懂实现自身核心产品或服务的数字化逻辑。在你的数字化矩阵中，最右边一栏代表着三类企业正在进行的重塑活动。由于行业的改变，三类企业都将发问："我现在属于哪个行业？"

以下是几个经典的讨论：通用汽车是一家工业内燃机汽车企业还是运输行业内的企业？《纽约时报》是属于报业、新闻行业还是出版行业？ IBM 是一家信息产业的硬件企业还是属于软件业和服务业？可口可乐和百事可乐属于无酒精饮料行业还是别的什么行业？对于这些问题，数字时代的答案只有一个：各行业在交叉点上出现的新商业模式。企业必须学会重新认识自己，不再将自己定位为生产产品或提供服务的部门，而是从事着让其他人想要和自己合作的事情。因此，不能狭隘地把通用汽车的业务定义为设计和制造内燃机汽车。它也不是一家为这类汽车提供资金或服务的公司。在数字时代，通用汽车必须在多式联运所构成的不断变化的商业格局中思考自身企业定位，而多式联运包括了产品制造和提供服务。内燃机汽车是通用汽车的历史财富，但它并非通用汽车的未来方向。《纽约时报》、IBM、可口可乐和百事可乐……几乎每家公司都要重新定义和塑造自己的商业模式。

为了实现这个目标，你不仅要关注产品与服务的设计和交付，更要致力于解决各种问题，形成解决方案。我们要搞懂数字巨头和科技型创业公司解决问题的关注点是什么，我将以下列案例进行说明。

向脸书学习

脸书的愿景是什么？"赋予人们分享的权力，让世界更开放更互联。"在利用工具（脸书文件、主页、Messenger等）进行赋权方面，它想出了各种办法与客户建立直接而个性化的联系。与此同时，脸书还通过这一渠道获取收入和利润。脸书没被任何预设的行业边界所限制，它一直在思考如何让全球的人类感受到分享的力量，把人们熟知的"六度分离"的世界变得更小。脸书旗下的WhatsApp和Messenger应用旨在利用社交网络和信息平台重新定义消费者与企业之间的交互关系（商务即时通讯）。脸书Live是一款视频流应用软件，它能在广播公司和观众之间建立实时联系，同时它还面临着来自YouTube、亚马逊、康斯卡特和威瑞森（Verizon）的竞争。脸书的虚拟现实头盔Oculus可以让观众进入他们最喜爱的游戏或电影场景中去。这是一款与谷歌的Daydream和微软的HoloLens竞争的产品。

此外，脸书还致力于用太阳能无人机为全世界的偏远农村地区提供互联网接入服务。在这一领域，它的竞争对手是Alphabet和亚马逊。它们只不过是我们通过社交网络实现共享和连接的工具。在解决阻碍连接的棘手问题的过程中，脸书不仅改善了企业与用户的联系，还增加了公司自身的收入和利润。

向特斯拉学习

特斯拉的愿景是什么？你或许以为对软件和云连接依赖程度更高的下一代汽车或电动汽车是这家科技型创业公司关注的重点业务。但你错了。如果让埃隆·马斯克来回答这个问题，他只会说："我们在加快世界向可持续能源转型。"既然如此，特斯拉属于智能电网行业还是锂电池行业呢？两者都是。但它不是一家按照旧有方式提供产品和服务的企业，也不是在定义这个行业，以便回答莱维特教授在20世纪60年代提出的那个问题。

特斯拉将电池与快速充电站相结合，在燃油车向电动车（以及更多种可持续能源）转型的过程中，它扮演着至关重要的角色。它的长期愿景是解决那些处于行业交叉点上的问题——能源、交通、移动性，以及家居舒适性。

为了解决可持续性能源这个棘手的重大问题，特斯拉与松下合作，力争到2020年实现锂电池总产量超过2013年的全球总产量。它们组建的合资公司还运营着一家生产电池组的超级工厂，这些电池组可满足家庭和企业的长期储能需求，从而改善电网稳定性，降低企业和居民的能耗成本，同时还提供备用电源。

那么，特斯拉是像通用、福特或宝马一样的汽车制造商吗？从传统意义上说，特斯拉的确是一家汽车制造商，因为它与上述公司一样，从事着汽车设计与研发的工作。但我们也可以说特斯拉并非一家汽车制造企业，因为你可以在家或通过它的超级充电站为电动汽车充电，而传统的汽车制造商可不会为你提供免费汽油！

用特斯拉自己的话说："特斯拉不仅是一个汽车制造商，还是一家专注于能源创新的技术与设计公司。"但能源创新并非一个行业，其中没有明确的竞争对手和对行业边界的标准定义。

虽然目前特斯拉从事的是电动汽车和电池业务，但它的业务范围还可以扩大，并随着各个部门的加速转型而不断发生改变。如果只从提供产品和服务（以及它所服务的市场）的角度审视特斯拉，你就会忽略掉它更大的目标：影响上述行业间交叉领域的游戏规则。

脸书和特斯拉存在相似之处吗？它们摆脱了传统行业边界、产品、服务定义或盈利模式的限制，从解决问题的角度明确自身使命。它们以强大的数字技术实现最具雄心的使命，将各自的数字技术能力注入传统行业。当它们通过数字技术的力量以前所未有的效率解决重大问题后，就开始谋求制定价值创造和价值捕获的游戏规则。今后，它们还将解决更多的问题。

你的企业可以另辟蹊径地解决哪些问题？

除了"你从事哪个行业"以外，在根基重塑的过程中，你还需要回答以下两个互相关联的根本性问题：

1. 我们要为哪些人解决哪些问题？

2. 我们可以用数字技术巧妙地解决这些问题吗？

这两个问题将促使你去观察数字技术改变商业模式核心要素的方式，以及在更广泛的生态系统中不同企业的转变方式。它们还促使你去思考如何有效实现新交互方式的货币化。重点在于：必须以一定的规模、速度，并通过打破行业界限的方式解决这些问题。它们不是仅服务于少数不缺钱行业的高技术、高成本、个性化、全定制解决方案，而是服务于更广大社会领域的高价值、高创新性解决方案。

因此，不要在乎如何定义你希望从事的行业，而要更加关注你希望解决的难题。以下三个行业的案例会对你的思路起到一些指导作用。

医疗保健。瑞士诺华制药公司的首席执行官约瑟夫·吉梅内斯（Joseph Jimenez）一直在进行着一项名为"超越药品"（Beyond the Pill）的任务，同时他还致力于解决核心的医疗保健问题。用他自己的话说:"我坚信,未来医药公司的收益不是来自药品销售,而是来自患者治疗效果的改善。"他已经意识到,作为总体治疗的一部分,向患者提供药品而不保证疗效的做法或许过去行得通,但现在和未来的消费者关注的是信息、分析,以及对医疗和健康的整体研究。他们希望了解治疗方法和治疗效果之间的复杂交互,以及针对个别需求获得个性化的医疗保健服务。诺华这类制药公司为了解决各种问题而重塑其商业模式,试图将自己与传统意义上的制药企业区分开。

工业互联网。通用电气也在寻求解决问题的各种可能性。长期以来,通用电气一直被人们视为一家家用电器公司。目前,它正在重塑其商业模式,将自身在材料科学和物理学方面的传统优势与数据、软件和分析方法等新技能结合起来,从而有效解决我们在第4章中提到的核心冲突的两个方面。例如,通过传感器和联网软件,通用电气能够观察和预测分析,并提出积极主动的解决方案以提升工厂效率。通过实时的可见性严格控制端到端的生产过程,且不用按照预先确定的进度表就能准确地预测到维修需求,只要条件允许就能开展维修工作。可以说,通用电气解决了客户提出的"低效问题",而如果没有数字技术,这是无法实现的。

目前,博世、西门子和三星等同行业的其他公司也在利用数据分析寻找和消除它们自身的低效问题。最后的结果便是德国制造企业所称的"工业4.0",即价值链上不同企业的效率提升、成本下降和延误减少。通用电气、麦肯锡、世界经济论坛及其他机构的研究认为:未来十年,根基重塑为制造业及供应链节约的成本将达数十亿美元。一夜之间,数字化的有形领域(制造、供应链和配送)与无形领域(利用应用软件、广告和算法进行面向客户的交互)具有了同等重要的地位。

商业解决方案。 IBM在首席执行官罗睿兰领导下的根基重塑,标志着该公司对其系统集成商的历史定位的一次重大转型,即在把毫不相干的系统(计算机硬件、软件和服务)捆绑在一起方面,比其他集成商或个人做得更好。在我看来,根基重塑让IBM站到了技术与深层知识的交叉处,它要解决的问题是:城市如何在大规模扩张的背景下更有效地运作?如何以更低的成本提供癌症等关键领域的优质医疗保健服务?如何利用区块链技术创造更大的信任?大数据分析如何完美地改善知识性工作?

如今的IBM对自己的定位是解决方案集成商,即基于公司在各行业的丰富经验(广泛的业务范围),以独特的方式将相关知识用于解决客户独特的商业问题。正如我们在第4章看到的,罗睿兰领导下的IBM剥离了低价值的硬件产品业务,将注意力放在各种高价值领域,加大了在云技术和人工智能方面的投资,创建了一个独立的业务单元,其职责就是将沃森的前沿认知计算技术商业化。此外IBM还实施了几次重大收购，如收购 Weather Company 和 Truven Health Analytics，以此加强其在垂直市场领域的知识；与苹果、微软、思科和威睿等公司组建全球联盟，以此扩张专业知识的范围和规模。

精细农业。 孟山都曾经是一家转基因种子提供商，经过根基重塑，它开始致力于解决农作物产量最大化的问题。为此，必须将其在种子处理和农作物保护方面的传统优势与数据获取、数字分析以提供精确解决方案的数字能力（如改变种植日期和灌溉进度表）相结合。

在一些选定测试中，孟山都已证明，通过改变不同条件下的种子数量，农作物可增产7%。为了进一步保证自身的领先地位，孟山都组建了孟山都成长创投公司，它负责投资从事软件、遥感与测量、机器人与自动化、生物技术、新农业商业模式等新兴领域的创业企业。孟山都正在为其商业模式的重塑打基础。

哪种商业模式适合进行重塑？

我曾说过数字化转型涉及思维方式的转变。它引导企业走过三个阶段：以产品为中心、以服务为中心和以解决问题为中心。要理解这种转变，可以观察一下四种典型的商业模式（见图5.1），我们先从为人熟知的两种商业模式开始分析。

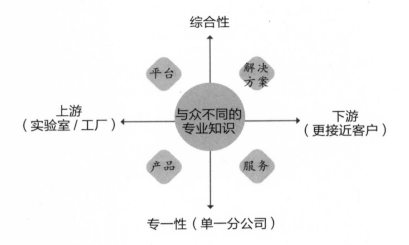

图 5.1　四种数字化商业模式

产品。我们对产品的理解来自工业时代，它指用于销售的有形物品，如计算机、冰箱、洗衣机、网球拍和电灯泡等。在数字时代，企业依然生产这类产品，但它们会配备传感器和软件来捕捉数据，并将其所生产的产品连接到其他产品或服务上。数字化的产品更加智能，例如配上远程信息处理系统后，汽车就变成了连接到云端的"车轮上的计算机"。

服务。服务是无形的产品，或是为了满足某种需求而采取的行为。我们非常熟悉工业时代的酒店、银行、娱乐和教育等服务，但数字技术也提供了数字时代的服务。我们又一次看到，数据越丰富，服务的智能化水平就越高。在客户购买汽车前，传统汽车制造商拥有大量数据（所有权记录），这让它们能够生

111

产出更好的汽车。然而，优步、来福车、滴滴和 Waze 等新型服务公司对于自身的使命却有着更宽泛的定义。它们搜集汽车使用方式（驾驶记录）、相关痛点（停车、交通），或者周边服务（保险、维修，或者是对出租车或其他出行方式的依赖程度）等数据，并利用这些数据为用户提供特定时间段内从 A 地到 B 地的最优交通服务。与通过市场调研获得的"由内而外"的旧式信息相比，这类"由外而内"的、关乎用户体验的详细信息更为丰富。

在数字技术的背景下，另外两种商业模式也开始显现。

平台。平台指计算机操作系统、视频游戏机、智能手机、搜索引擎，以及数字时代涌现出的其他类似事物。正如前文所言，平台将不同类型的公司联系起来。或者像戴维·埃文斯（David Evans）和理查德·斯马兰奇（Richard Schmalensee）在他们合著的新书《撮合者》（*Matchmakers*）中所指出的，平台"具有一种与生俱来的多边性，因为它可以为两个或更多群组聚合在一起提供物理空间或虚拟空间"。随着更多公司以数字化的方式连接在一起，平台的规模不断壮大，使用这些公司产品和服务的客户的价值也不断增加。这些公司聚集在一起所产生的合力是任何单独一家公司都无法企及的。以汽车业为例，有 Apple CarPlay 和 Android Auto 这两个平台，它们提供的服务已经实现了从智能手机向汽车的扩张。未来它们的应用范围会更加广泛。

解决方案。在数字时代，企业利用数据分析能够更好地解决特定的商业问题，因此定制化产品、产品组合、服务组合，或者产品与服务的组合变得越来越普遍。我们正处在观察数字技术的最前沿，例如第 3 章中介绍的聊天机器人，它可以观察并理解你的意图，然后准确地推荐你所需要的东西，即以你可以承受的价格向你提供个性化解决方案。在汽车行业，通用旗下的 Maven 公司已经开始提供个性化的汽车共享服务。戴姆勒旗下的汽车移动服务公司 Moovel 正在重塑城市交通出行的未来。从本质上说，这家公司就是用技术将各种交通方式连接起来，让用户可以根据便利程度和易用性选择步行、骑行、公交系统和自驾车等交通方式。

汽车行业的根基重塑将这四种商业模式变成人们关注的焦点。"由内而外"的思维方式关注的是汽车风格和造型等设计能力，"由外而内"的思维方式则注重解决问题的能力，例如根据用户的偏好和要求为其选择从 A 地到 B 地的最佳路线。前者胜在将供应商和分包商组合起来，简化供应链，按照目标价格高效地生产出最好的汽车，而后者的优势在于构建一个为用户解决交通问题的方案网络。

"由外而内"的思维方式希望除提供汽车之外的大量选项，并同时有能力将各种各样的共享交通工具和公共交通工具纳入网络中。例如，某个用户有时需要最快的交通方式，有时想以最环保的方式出行；有时想用个人交通工具出行，另一些时候又愿意选择共享交通；他还会选择自动驾驶汽车，又或者找人代驾。关键在于这两种思维方式解决问题时所用到的基础数据、信息和知识都不同。"由外而内"的思维需要全新的专业知识和合作方式，这正是我们必须超越两种传统的商业模式去看问题的原因。

向汽车行业学习

以上每一种商业模式都具有两个维度，这两个维度位于一个连续的统一体上，明确了一家公司所应具备的独特的专业知识。**第一个维度是位置**，即公司处于上游（实验室、工厂，远离客户）还是下游（现场、销售点或内嵌于客户）。举例说来，传统汽车公司主要遵循以产品为中心的商业模式，获得具有独特优势的上游地位（远离客户），而诸如优步等汽车共享服务公司注重以服务和解决方案为中心的商业模式，它们的独特优势来自于下游，即与消费者的交互行为。

第二个维度是专业知识。传统车企只注重通过自己的产品或服务来获取优势，例如提供最优质的豪华汽车或最耐用的运动型多用途车（单焦点），Apple CarPlay 则相反，通过整合由软件制造、汽车销售商和电子商务零售商所组成的生态系统获取自身的独特优势（全面焦点）。汽车业的根基重塑，将会从依赖单一产品或服务的公司向不同公司所组成的生态系统转型。这些公司的运营方式跨越了四种不同的商业模式，为的就是解决最棘手的出行需求问题。

你在解决什么问题？你的独特优势是什么？在重塑商业模式根基的过程中，通用汽车该如何回答这类问题呢？很显然，对于不同的消费者市场，答案也各不相同，但一个可能的回答或许是：

1. 我们正在解决城市用户（对象）在交通高峰期的出行问题。

2. 我们提供了一个综合解决方案，其中包括部分所有权、汽车共享、专车服务和多式联运（方式）。

这是一个非同寻常的回答。如果通用汽车还是过去那个只关注工业经济的企业，它一定不会给出这样的答案。当然，答案在未来很可能还会发生变化。但就现在而言，这足以帮助我们回答那个最终的问题"你从事哪个行业"。这一问题直接指向通用汽车的需求，即获得不同数据以便了解其客户的汽车使用模式（而非购车模式），同时设定出新的绩效指标，即关注每个客户的营收和利润，或者客户在交通上的消费占比，而不是汽车或卡车的单品销售额。

新的商业模式要求对微观层面充分理解，例如不同消费者从 A 地到 B 地的交通方式，以及以可接受的价格形成最佳出行组合方案的能力。因为通用汽车可以收集这些宝贵的信息，以形成更加详细的报告，所以衡量这种商业模式成功与否的是用户留存率和用户黏性。为了实现这一目标，通用汽车必须组建一个由合作伙伴、数据采集和数据分析构成的网络，并以一定的规模和速度为用户提供最佳出行方案。

正带领通用汽车进行根基重塑的首席执行官玛丽·巴拉（Mary Barra）说："我们坚信传统的所有权模式正在瓦解。没人知道这种瓦解会发展到什么程度……我们未来五到十年看到的变化将远远多于过去十年……无论是选择传统的私人交通工具或是现在的共享交通工具，人们的出行需求都不会消失。有鉴于此，我们的合作关系正往汽车业之外扩展。"这表明，通用汽车的根基重塑将在她的任内开启，她很清楚这次转型的规模和紧迫性。

从汽车业可以看出，在行业的数字化进程中，数字巨头和科技型创业公司并非天然优于传统企业。当然，凭借 Android Auto，以及电动汽车和自动驾驶等相关技术，谷歌已经有了影响汽车业的雄心和能力；优步收集了大量个人用户出行习惯的数据；埃隆·马斯克的特斯拉汽车在可持续交通方面也进行了大胆创新，该公司每年计划生产 500 000 辆锂离子电池驱动的汽车，且每辆车的价格在 30 000 美元左右，同时它还建立了超级充电站为这些汽车提供动力支持。

即便有了这些，城市交通的重塑仍然处于发展初始阶段。我们仍不清楚谁将成为解决全球特大城市交通问题的新规则制定者，数字巨头，科技型创业公司，传统汽车企业，还是通过

在加州山景城，一位盲人同乘者正准备进入一辆
谷歌无人驾驶汽车开始测试

并购、联盟后重新组建的企业？正如巴拉所说："全公司的高层领导都知道我们拥有极其优质的核心业务，我们将继续努力提升这部分业务的效率并取得成功。但是现在有些新的交通出行模式，我们必须快速掌握它们，因为这是传统汽车制造企业所不具备的。但通用汽车也有自己的独特资产（例如我们的嵌入式连接技术），我相信它们将成为我们未来发展的推力。"

所有的传统车企都在不同程度地重塑着各自的业务，它们已经看到企业和汽车行业所面对的不确定性和颠覆力量。它们认识到，如果转型失败，汽车业（实物汽车产品）的价值在覆盖面更广的交通运输和机动性解决方案中所占的比例就会下降。

物理硬件可以成为一种商品，其在商业系统中的价值可能发生迁移。这正是福特汽车开展各种实验的根本原因。这些实验包括：提供专车服务而非预定城市旅行（城市代驾）；让特定群组内的车主互相交换汽车（车辆交换）；开展动态通勤班车服务（让 6 ~ 8 名乘客在其自行确定的地点上下车）；在汽车仪表盘上安装一个插入式设备以帮你找到空余停车位（无忧停车）。从根本上说，根基重塑就是从图 5.1 的四种商业模式中选出适合自己的，然后与选择其他三种模式的企业建立合作关系，开发出吸引用户的产品，为用户提供卓越的价值，最终打败竞争对手。

根据图 5.1 中展现的方案来设计商业模式吧。你现在的模式是什么？理想的未来商业模式又是什么？

在根基重塑的过程中如何紧跟时代趋势?

在不同人眼中，企业及所在行业的转型方式和转型速度是不一样的。一般而言，第一阶段，边缘实验阶段会持续 3 ～ 5 年。在这段时间，公司最高管理层有足够的时间为一系列的实验想法及资源的合理分配提供指导。这是一段振奋人心的时期，因为它与未来，与变革，与打破陈规相关。但是边缘实验不会对当前的现实环境造成影响，实验的组织形式也各自独立。正如第 3 章展现的那样，你的企业会正常运行，不会受到周边活动的影响。

第二阶段，即核心冲突阶段，会来得更快。资源究竟应该投入当前运营还是未来发展？已知业务还是未知领域？可量化的项目还是未经验证的新项目？在权衡资源的再分配并作出艰难决定的过程中，企业将看到来自内部的颠覆力量和紧张局面，这通常会持续八个月到两年时间。旧的传统模式逐渐暴露出弱点，企业管理者不得不作出决定，以最佳的方式转变经营根基，以适应数字时代的工作方式。

当进入第三阶段，即重塑商业模式并为公司和所在行业设计新规则时，你需要展望一下不久的将来（18 ～ 36 个月）。这个阶段容易遭遇失算，因为你的重心都在维持当下的营收和利润上。但未来的规划才是最重要的事情，你要给予足够的关注。此外根基重塑还要求你舍弃些过去很成功却不符合新的游戏规则的商业模式，即便你有着十分辉煌的历史，成功躲过了此前的各种颠覆性事件，甚至被视为适应变化的标杆。这是根基重塑阶段最艰难的一部分。

除了前两个阶段之外，系统性思考后的大胆的行动是重塑商业模式、紧跟未来发展趋势的关键。你没有对标许多单项最佳案例的条件（因为根本不存在），但你必须构建适应数字化未来的关联性：随时准备解决与规模、范围和速度有关的问题。即顺应条件的变化去解决客户的问题，而不是让预先确定的标准化产品和服务生硬地适应各种条件。

在审视所处行业时，你或许会发现一些数字巨头和科技型创业公司已经推进到你的产品和服务占绝对优势的领域。对于一家传统企业来说，你可能在汽车行业经营了一个世纪甚至更长时间，但突然之间人们关注的目光就转向了特斯拉和谷歌；或许你曾凭借一系列专利畅销药在制药行业保持领先地位，然而整个行业的焦点却突然转向了患者及其对治疗体系的反应，而非各种具体药物；半个世纪以来，你或许一直在各类市场调查榜单中名列前茅，转瞬之间你却发现自己要与谷歌、脸书、亚马逊和推特等掌握着海量用户信息的公司争夺未来的市场地位；或许你是一家获奖无数的零售企业，但现在你的客户都涌向了亚马逊、阿里巴巴和易趣这样的电子商务网站。通过解决棘手的难题，你将再一次建立起与未来的关联性。但这个难题是什么呢？

综合反应：问题设计与问题解决同时发力

商业逻辑的转变是根基重塑阶段常见的现象。传统企业打破产品和服务的边界以重塑商业模式，科技型创业公司引入植根于强大技术的商业创新，数字巨头扩展平台，并提供整体解决方案。它们的行为影响着你的重塑过程，迫使你反思自身的盈利模式。在寻找差异化经营之道时，你要回答这样一个问题：当商业逻辑从以提供产品和服务转变为解决问题并形成解决方案时，我的优势是什么？

除了手机应用软件和社交营销外，即便你还没有全盘接受数字化，面对数字巨头的大举入侵，以及科技型创业公司的重大创新，你也应该对自己的商业逻辑进行一次压力测试，况且传统竞争对手很可能已经意识到数字化趋势，并制定了应对措施。你所在的行业或许正在与相关（表面似乎不相关）行业产生交集和建立联系，还开始提供一些对客户更具吸引力和更有价值的解决方案，而不是过去那些零碎的、彼此无关的产品。

是进行全盘规划的时候了。必须采取行动才不会被边缘化，才不会成为所在行业和市场的商品提供方。深入研究你想要解决的重大问题，以及你即将提供的差异化解决方案。

问题设计

物理学家阿尔伯特·爱因斯坦说："如果给我一个小时的

时间解决一个将影响我一生的麻烦，那么我会用前 15 分钟确定如何提出恰当的问题。因为一旦知道了如何正确提问，我就可以在 5 分钟内解决麻烦。"正如科技型创业公司围绕着解决一个核心问题而组建，当你在重塑企业商业模式时，你的主要领导责任就是清楚地表述你打算用核心数字技术解决何种商业（和社会）问题。我建议你思考那些棘手的问题。它们之所以棘手，是因为它们残缺不全、互相矛盾或者变化多端。约翰·卡米拉斯（John Camillus）教授在其著作《邪恶战略》（*Wicked Strategies*）中阐述了在处理一些高度复杂和高度不确定的问题时，常规的战略性思维和方案失败的原因。他强迫管理者去思考那些处于各种超级势力交叉点的棘手问题，而不是试图简化问题。大多数旧式的规划方法都更关注各种零碎的细节。

看看企业在行业交叉点和解决方案中处于何处，并从这个角度审视企业的未来。

在回答莱维特教授提出的"你属于哪个行业"这一问题时，管理者应当给予市场一个宽泛的定义，从而避免遭到那些以独特方式满足客户需求的解决方案的意外攻击。例如，消费者可能会选择汽车而不是卡车，出行时选择飞机而不是火车，或者选择看电视而不是阅读书籍，等等。

最近，斯坦福大学设计学院、艾迪欧咨询公司（IDEO）和其他机构普及了一种被称为"设计思维"的方法，这种思维方法把设计问题和解决问题看成同一件事。简单来说，它指的是在构建问题之前先从用户的角度观察和收集数据，这样你就可以根据真实的信息提出解决方案。这是向客户提供价值的关键所在。举个例子，一群斯坦福大学的学生接受了一项任务，为发展中国家设计一款低成本、简单易用的婴儿保育箱，以此降低每年 200 万早产儿和低体重出生婴儿的死亡率。对加德满都医院新生儿监护病房观察了几天后，学生们拜访了几个村庄。他们发现大多数早产儿都出生在农村地区，而且几乎都无法被及时送往医院。因此，不论他们的保育箱设计得有多好，制造成本有多高，多么便于医院护士进行操作，它都无法解决问题。真正的问题是设计一个在没有电力设施的农村地区也能奏效的方案。它应该是一个便携、简单、卫生，契合当地文化而且价格低廉的装置。于是他们放弃了保育箱的想法，转而设计了一款名为 Embrace24 的调温育儿袋。

设计思维应突破重构产品设计或服务交付的界限。正如哈佛商学院教授兰杰·古拉蒂所说，数字化给了你一个深化"由外而内"的思维，将客户放在事业中心位置的机会。我的朋友兼同事里克·查韦斯曾供职于微软，现在是奥纬咨询公司的合伙人。他很热衷于让公司高管明白一件事：传统企业面临的最重大挑战是将企业的发展方向从熟悉的"产品推动型"转向"客户拉动型"。换句话说，将数字技术嵌入与客户的交互过程中，从而更好地了解客户需求。如果能量化分析客户的决策过程，你就更能发现正确的问题，调整解决方案的关联性，打败那些仍自以为是的为客户提供产品或服务的竞争对手。

"由外而内"地设计问题。 根据服务能力定义问题的方法更为简单和顺手，但你需要像客户一样思考，想清楚哪些领域是你现有的产品和服务无法企及的；看看其他公司提供的产品和服务，它们会给哪些领域带来摩擦和挫折；从客户的角度考虑问题，理解他们在整合和协调日常工作时所遭遇的痛点、需求和失望；把观察的范围放大至产品的所有使用场景，或者客户实际生活中，这样才能了解到问题的深度和宽度。

在设计商业问题时，不仅要看到产品和服务的层面，而且要更加深入地了解客户（个人客户和企业客户）的各种痛点。这些痛点或许不太契合传统的行业定义。

假使你提供的服务是保证整个家居环境的舒适性和安全性，而不仅仅是提供暖气、电力以及监控能源有效利用，或者保证周边环境的安全，情况会怎样呢？这会给客户带来更多价值吗？假使你可以解决个人（或家庭）的出行需求，而不仅仅是出售汽车、安排出租车或提供汽车保险和维修服务，情况又会怎样？如果你能提供一套不同于医疗保健行业以往做法的完整医疗保健方案，情况又会如何？

选择你感兴趣的问题。 每天都有很多有待解决的难题，但你的任务是为公司下一阶段的发展选出最值得关注的问题。选择那些能够激发员工热情，释放员工潜力的问题。在此阶段，你不是在尝试着做事情，而是在切实地执行一套行动方案，在这套方案中，问题的量级要与你已经具备的能力、能够获得的能力，以及能与他人合作获得的能力相匹配。

解决问题

问题设计好以后，你要利用数字技术的力量，以前所未有的方式确定一个理性、务实和系统化的解决方案。

打破行业与学科的界限。众所周知，创新不易，然而传统的学科、行业界限一旦被打破，创新性的解决方案就会涌现。自 2000 年以来，通过"Connect + Develop"计划的开放式创新，宝洁公司接触到企业边界以外的智慧和专业技术。其他一些公司则通过众包的方式，以集体智慧解决问题，例如 InnoCentive 向网络上持不同观点的人群征集解决方案。过去十年，数字巨头企业在推广它们的软件、应用程序和分析方法时，这种方法让各种解决方案能被更广泛地应用到各个行业。或者用罗睿兰的话说："我始终相信大多数解决方案都源自于基础数学。"人工智能、机器学习和认知计算等一切重叠的理念，都在找寻跨越行业和学科边界的商业模式，对于以预测分析为核心的解决方案来说，这是一个令人兴奋的前沿领域。这也是 IBM 和通用电气以各自独特方式所追求的目标。在未来几年，公司将拥有更多可用的工具，将新的前沿功能大规模地用于解决商业问题。

通过合作解决问题。单个公司无法独立解决重大的棘手问题。你或许可以利用公司内部的集体智慧来解决部分问题，至于更大的难题，你只有与其他传统企业、科技型创业公司和数字巨头合作。从本质上说，你不仅要关注"我"（你的公司），还要关注"我们"（行业内的所有企业及其他行业）。培育一个社会关系网络，并描绘出生态系统内每家公司所扮演的不同角色。就像你在前两个阶段做的那样，思考一下你能够以什么方式、在什么地方将传统的竞争对手，以及科技型创业公司和数字巨头，转变成你的合作伙伴，以及你可以为其他行业作出什么贡献并从它们那里学到什么。在与各种生态系统互动的过程中，请对各种看待问题的新方式持开放态度，用创造性的方式解决问题。

我在本章开头问到"你属于哪个行业"，现在你如何回答？你可能会用图 5.1 中所示的四种商业模式之一回答，或许你还会指出如何让你所选择的模式与其他三种模式建立联系，从而解决商业网络中更多的问题。将关注点从单一行业转向跨行业时，铭记数字时代任何事物都在变化。重新改造商业模式并不代表一劳永逸，也不代表无须在意其他人在尝试的新理念，以及哪些公司之间存在冲突和它们的冲突方式。实际上，未来几年你很有可能会更快速地经历和跨越这三个转型阶段。

现在让我们看看数字化矩阵的全貌。你了解了每个网格的意义，也看到了它们之间的关联方式。你知道了三类企业和三个阶段以复杂而动态的方式建立交集，也能更好地感受和理解各种商业模式。你知道它们如何以第 1 章中提到的速度来达到规模和范围目标。或许你还从很多案例中感受到成功者利用强大的战略性举措在不断变化的领域中游刃有余，最终跨越三个阶段。你看到了关键行为的线性发展方式——第一阶段：旁观到投入；第二阶段：共存到改变；第三阶段：设计问题到解决问题。此外，这些行为会得到快速的反馈（见图 5.2），你必须密切关注这些反馈。因为对它们的关注会迫使你更加留意不同的实验，或者作为一种解决问题和以解决方案为中心的商业模式，这可能会改变某些被你搁置的业务。跨越三个阶段的行为是非线性的，它们互相交错并形成了一些战略性策略。它们对适应数字化发展趋势而进行的自我重塑非常重要。下一章节将重点叙述三种制胜策略。

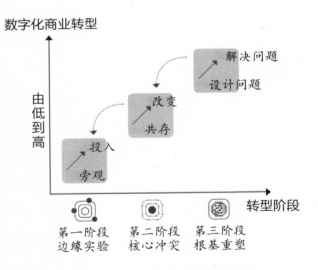

图 5.2　三个阶段的关键行动

≫ 延伸阅读

中国平安：引领数字医疗领域创新

中国平安利用自身在医疗诊断和深度学习领域的综合优势，集成核心科技能力向社会输出服务，其开发的平安影像技术平台，在医疗诊断中具有显著的应用价值。

平安影像平台是一个开放、全面的智能影像组学辅助诊断平台，以平安领先的智能医疗影像技术为核心，平安云为载体，整合医疗相关软硬件服务商，为政府、医疗机构提供"一站式"解决方案。它提供了放射影像和癌症病理影像疾病筛查、疾病辅助诊疗，以及医疗影像质量控制等多个功能。得益于读片速度的提升，以及准确率的显著提高，平安影像技术已落地应用于基层医院的辅助诊断中，为广大医患带去了便利。比如在贵州龙里县人民医院应用近 2 个月，就已扫描超过 1000 份患者肺部影像报告，辅助发现 60 多名肺结核病例，以及一例可疑重症病例。此外，平安的人工智能技术还运用在胃癌检测、肝癌识别、骨龄预测疾病等医疗影像辅助诊断中。

近年来，中国平安逐渐加大科技研发投入，在五大核心技术（人工智能、区块链、云、大数据和网络安全）上取得重大突破。在人工智能预测领域，除上述智能医疗影像技术外，平安科技还携手重庆疾控中心首创国内"人工智能 + 大数据"疾病预测与筛查模型，实现提前一周预测传染病发生情况，助力政府部门在相关疾病的防控工作中提升效率，降低疾病预防和控制成本；在医疗管理领域，平安科技通过海量数据训练形成高精度的 OCR 识别算法，并采用众包模式的人工审核配套辅助，轻松完成图片转文字的录入工作，有效推动了医疗档案数字化管理。此外，"刷脸就医""刷脸缴费"等智能化医疗过程，也极大便利了患者就诊，提升了公共医疗系统的服务水平和效率。

第三部分
落实三大制胜策略

　　假如你是制造豪雅表的企业，你能否（应该）创建一家合资企业，将你在手表设计方面的卓越能力与英特尔和谷歌的数字技术结合起来，开发出具有互联功能的手机表？如果你是菲亚特·克莱斯勒，你是否能说服谷歌，利用双方的资源共同组建一家联合实体，生产自动驾驶小型货车？如果你是李维斯公司，未来你是否能利用谷歌的"缇花计划"生产出带有嵌入式技术的无缝服装？

　　"小米生态链"目前已经涵盖了手机、笔记本、电视、路由器、自行车、平衡车、插线板、灯泡、手表、手环、移动电源、无人机、智能摄像机、电饭煲、空气净化器等诸多硬件，目前小米已经投资了77家生态链企业，其中4家估值超过了10亿美元，有16家的年收入超过1亿人民币，有3家的年收入超过了10亿人民币。

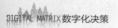

第 6 章

制胜策略 1：精心构建和参与各类生态系统

现在是 1984 年。IBM 似乎有一种拿下一切的态势，苹果公司被认为是唯一能对它构成威胁的公司。经销商最初对 IBM 展开双臂，热烈欢迎，但现在它们担心行业的未来将被 IBM 主宰和控制。越来越多的经销商开始转向苹果，因为苹果公司是能确保它们未来自由的唯一力量。而 IBM 想要一切，它正把枪口指向最后一个阻碍其掌握行业控制权的对象——苹果公司。"蓝色巨人"（即 IBM）会主宰整个计算机行业吗？观众大声叫"不"！还是会主宰整个信息时代？不！乔治·奥威尔的预言会成真吗？不！

1984 年 1 月 24 日，当苹果公司首席执行官史蒂夫·乔布斯走上公司年度股东大会的舞台，向大家介绍其公司推出的第一代 Macintosh 计算机时，真正的较量开始了。彼时大型计算机市场是 IBM 的天下，而诞生于硅谷一间杂乱不堪的车库中的苹果个人电脑或许代表着颠覆计算机行业现状的首次创新。作为回应，IBM 也推出了个人计算机。但与以往所有部件都在公司内部制造，从而加快新产品发布速度的一贯做法不同，IBM 这次找了一家外部供应商为其计算机研发操作系统，显然它并未将微软视为一个威胁。IBM 的策略是利用其品牌影响力和强大的分销渠道战胜苹果公司。然而实际上，在这场争夺个人计算机市场的竞争中，IBM 和苹果并非竞争对手，IBM 个人电脑和 Windows 个人电脑才是。直到 20 世纪 90 年代早期，苹果电脑大多还只用于教育行业和桌面出版系统等利基市场。与此相反，作为一家早期的软件供应商，微软首席执行官比尔·盖茨非常聪明地利用与 IBM 的协议赢得了市场主导地位。除了向 IBM 提供 Windows 操作系统外，微软还把操作系统卖给康柏、戴尔、捷威、东芝和索尼等其他个人电脑制造商。

管理你在生态系统中的关系

微软的案例为我们制定下一个十年的数字业务转型制胜策略提供了非常有用的指标。它强调了生态系统中的两个重要任务：构建与参与。第一是正确管理不同生态系统中的各种关系。在工业时代的各个行业中，领先的公司具有卓越的垂直整合能力（它们拥有整个产业链中最重要的资产，无论是产品还是服务）。20 世纪 80 年代的 IBM 就是如此，构成 IBM 大型计算机系统的硬件、软件和服务都是它自己的专有技术，且只以整体打包的形式提供，不与任何其他公司的计算机系统兼容。你几乎得原封不动地购买 IBM 的产品。或者你也可以选择数字设备公司、通用数据公司（Data General）、富士通公司（Fujitsu）或王安电脑公司（Wang）生产的互不兼容的整机产品。

但在数字时代，拥有最佳虚拟整合能力的企业才能成为行业领导者（它们组建并管理着最好的产品与服务提供商网络，以此掌握市场的控制权）。微软推出的 Windows 操作系统就是一个很好的例子。与 IBM 和苹果不同，微软的 Windows 并非一个封闭的系统，所有其他公司的产品都能与 Windows 系统兼容。换句话说，IBM 提供的是一套完整的产品，而微软提供的则是一个平台，它像楔子一样挤在硬件和不同的软件之间。其他公司可以将自己的产品加入其中，为自己创造利润。微软与它的硬件供应商、软件供应商、开发人员，以及为 Windows 平台提供产品和服务的零售商组成的网络一起，构成了一个生态系统。

与广泛流行的错误观念正好相反，生态系统中存在着等级制度，拥有明确的领导者和跟随者。我把它们分别称为构建者和参与者。它们对于一个生态系统的繁荣、成长和取胜是不可或缺的。所谓构建，就是打破传统的行业边界，将不同行业内有着不同商业模式和优势的企业组合起来。这也是数字巨头企业所具有的天然优势。构建就是在制造商、服务提供商、平台提供商和解决方案架构师之间建立联系，创建一个具备网络效应的系统。所谓参与，则是了解你的核心优势，让他人与你建立联系，创造出比单打独斗时更大的价值。

微软：收割生态系统大部分价值

20 世纪 70—80 年代期间，IBM 的定位是为大型计算机提供端到端专用架构的系统集成商，并以此实现收入和盈利。而到了 20 世纪 90 年代，当个人电脑在家庭和工作中得到广泛应用时，微软在由 Windows-Intel 个人电脑所构成的生态系统中充当起构建者的角色，这成了微软公司的生财之道。尽管微软只控制着计算机行业端到端资产的一小部分，它却将价值中心从 IBM 转移至一个具有互补性的各类企业构成的生态系统中，这些企业在微软的平台上提供着各种不同的产品、服务和解决方案。微软与英特尔共同设计了 Windows 平台；与戴尔公司建立合作关系，后者凭借出色的供应链管理能力完善了个人电脑的直销模式，它甚至在没有一家实体店的情况下，成为 Wintel（微软和英特尔）平台的领先零售商。微软还与惠普、爱普生和柯达等公司合作，利用它们的扫描仪和打印机为个人电脑用户提供更多价值。

从本质上说，通过软件层面上的 Windows 操作系统和计算机应用层面的 Office 办公套件，微软管理着从芯片（英特尔）到服务、解决方案（埃森哲和 EDS）、设计、制造、销售，以及和计算机服务有关的各种关系。

计算机行业的主要商业逻辑从把计算机视为捆绑上各种服务的硬件（产品）来销售，转向通过各种平台（提供互补性产品和服务）销售计算机解决方案，为用户提供定制化应用和用途。很显然，个别产品（扫描仪、打印机、软件应用）和服务（配置、系统集成、咨询服务）仍然不可缺少，但微软把这些产品与更广阔的平台和解决方案联系起来后，创造了一种新的价值模式。客户得到了好处，平台上的所有参与企业赚到了仅靠自己单打独斗无法赚到的利润。作为个人计算机操作系统这个平台的架构者，微软通过各种方式吸引与其有互补性的企业加入到平台中来，从而成就平台的网络效应并收获了大部分价值，以及具有了构建这一个人计算机生态系统的权力。

讽刺的是，这期间（那时史蒂夫·乔布斯已被赶出苹果）比尔·盖茨还向苹果首席执行官约翰·斯卡利（John Sculley）伸出了橄榄枝，主动提出帮苹果公司管理它的生态系统，就像帮助兼容 IBM 计算机的硬件制造商构建 Windows 生态系统一样。然而对于当时仍然将自己定位为端对端集成商的苹果公司来说，这个想法根本不具吸引力。它根本看不到世界是由各种生态系统中的不同平台所组成。当时的管理人员都很熟悉工业时代的集成化商业逻辑，但对于新生的生态系统的认识相当不足。微软经历的直至 2000

年末的这段黄金时期，都要归功于其扮演的个人电脑生态系统构建者这个角色。

为什么微软没能成功利用其在 Windows 操作系统和个人电脑上的早期优势，将其生态系统的范围继续扩张到手机（苹果于 2007 年进入手机市场并在过去十年中一直保持主导地位）或搜索引擎（谷歌于 1998 年进入搜索引擎行业，至今仍是搜索引擎市场的主导者）领域呢？这又是另一个故事了。但是微软的经历凸显出一个事实：生态系统是在不断变化的。正如我们之前看到的那样，过去的成功并不能保证未来的成功。因此，即便微软管理着个人电脑的生态系统（今天也是如此），它在手机、搜索引擎、社交，以及其他新兴领域却更像是一个参与者的角色。

在今天的数字化商业经济中，生态系统是经济活动中不可或缺的一部分。每家企业都必须问自己一个问题：我们要力争成为生态系统的构建者还是仅仅当一个参与者？我将在下文中更加详细地解答这个问题。

作为参与者为生态系统提供支持

每个生态系统都有几个不同的参与者，它们之间是彼此联系、互相依赖的关系。一个强大而充满活力的生态系统需要许多不同类型的参与者提供支持，且这些参与者提供的产品或服务是具有互补性的。用户也更偏爱这类多元化的生态系统。

　　我在第 5 章中介绍了四种典型商业模式。在人们熟知的以产品和服务为中心的商业模式的基础上，我又增加了平台和解决方案这两种商业模式，更重要的是，我还指出了每种模式都在生态系统中提供了一种与众不同的专业知识和差异化的价值。强调两种新商业模式的独有特征非常重要：

　　　　平台型商业模式追求的是通过不同商品和服务的广泛互联，实现平台参与者与平台产品的最大化。
　　　　解决方案型商业模式寻求将最具相关性的参与者和产品结合起来，将之整合以解决用户的个性化需求，并在此过程中产生收入和利润。

　　当我把这四种商业模式框架在不同企业的研讨会上阐述时，我要求企业管理者检查一下，他们公司的业务在哪些领域具有独特性，在哪些领域还需要继续增强差异性。大多数情况下，这些管理者都会跳起来说希望自己的企业具备所有的四种商业模式。但这是不可能的，因为这四种商业模式之间存在着固有的冲突。企业应该选择一种能让自己变得与众不同的商业模式，然后邀请其他企业与自己合作。这时他们又不约而同地选择成为一个平台构建者或者解决方案集成商，于是我再次提醒他们，这两种新的商业模式并非适用于所有时期和所有情况，必须选择最热衷的一种。更为重要的是，独特的产品和服务会让生态系统变得更有活力和更具价值。

由于用户的期望和需求总在变化，这些商业模式在不同时间、不同生态系统中的重要程度和比例也不一样。但只要用数字技术将它们联系起来，这些商业模式就会产生价值。

换句话说，作为一个参与者，你必须明白，你今天提供的价值与未来提供的价值或许并不一样。我的建议是：明智地选择商业模式，同时别忘了随着条件的变化作出相应的改变。

灯泡的故事

为了以四种商业模式说明各种参与生态系统的方式，我们先看个例子。假设我家的一个灯泡烧坏了，解决这个问题要用到哪种商业模式？

产品。大多数情况下，一个标准产品（灯泡）或许就能达到目的。多年来，人们一直按照标准的规格和形状设计、制造灯泡，并通过传统的批发商店进行分销。于是，我到本地的家用五金店购买了一个灯泡，自己动手将灯泡装好。本地商店充当了提供基础服务的销售点的角色，因此除了准备好灯泡存货之外，它并未提供太多附加价值。我的问题解决了，但作为灯泡制造商和零售商的你对我有多少了解呢？并没有太多，因此，这个过程中交付的价值很少。

产品＋服务。通过预约服务或许就能为我解决更换灯泡的问题。这是一种简单却个性化的服务。制造商或本地五金店可能更加了解我所使用的灯泡型号以及更换灯泡的频率，它们要么会提醒我尽快更换灯泡，要么在我打电话订购灯泡时就能准确地知道我需要哪种灯泡。在这种模式下，我依然要自己亲自购买和安装灯泡，因此五金店并未提供太多个性化服务和附加价值，对我的了解也十分有限。

产品＋服务＋平台。现在假设我决定通过一款智能手机软件将家里的所有灯泡连接到我的预警系统和音响系统上。我希望当我解除警报、打开大门时，家里的灯自动亮起。同时我喜欢的音乐也会自动响起。这时我的灯泡就不再是一个独立的必须使用标准开关来操作的标准产品。作为物联网的一部分，它能连接 Wi-Fi 和蓝牙，也可以连接至我的警报器和音乐播放器。现在，我面对的是一个产品（比如菲律宾生产的灯泡）、一个平台（可能是三星的 SmartHome 或苹果的 Homekit），以及一项服务（零售服务）。我当然也可以去本地的家用五金店购买灯泡，但现在我还可以选择在网上订购，或者按一下"一键购买"按钮（产品上的 Wi-Fi 设备），直接从亚马逊或其他网上零售商处订购灯泡。我用智能手机订购灯泡，然后等待发货，自己安装。问题就这么解决了。

那么，灯泡制造商、平台提供商或零售商掌握了多少关于我，也就是用户的信息呢？制造商了解了其产品的使用模式；零售商知道了我的灯泡购买习惯，并将该信息与我所购买的其他家居产品的信息联系起来；平台提供商掌握了我在使用灯泡时如何配合使用平台提供商的其他产品和服务。有了以上这些信息，每个供应商都能微调其商业模式，为我提供精准的服务，甚至是我自己都没意识到的服务。这就是一笔巨大的附加价值。

现在我稍微修改一下这个例子。我不需要更换灯泡了，而要设计一个新厨房，需要选择一些与厨房里的智能家居协同工作的灯泡。要解决这个问题，我需要哪些商业模式？

产品＋服务＋平台＋解决方案。我仍然需要产品(灯泡)、平台（三星的SmartHome或苹果的Homekit）和服务（零售服务）。我可以在调查后订购灯泡，然后自己安装。我也可以把我的详细需求告诉一个解决方案架构师（例如智能家居技术设计师），由他负责帮我选择附带适当服务（设计与维护）的最佳单品（灯泡），然后连接到我现有的或新的家庭网络平台。在向我（即用户）提供价值的过程中，总共涉及四个或更多的参与者，用到了四种不同但具有互补性的商业模式。

换句话说，这四种商业模式代表着我和其他用户解决问题的四种方式。不仅如此，这四种模式还互相依赖。有时，拥有不同商业模式的企业会互相协作，为客户创造更多价值。另一些时候，一种商业模式能提供更多价值；一家拥有任一种商业模式的企业有时是构建者，有时是参与者，这要视具体情况而定。

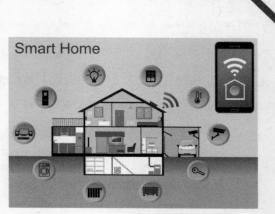

灯泡的故事，物联网和智能家居的风口

我建议你把这些商业模式的作用移植到自己的场景中。产品、服务、平台和解决方案，哪一种是你的商业模式？其他三种商业模式如何与你发生联系？谁可以提供更多价值，与你展开竞争？你要进一步采取哪些大胆的尝试才能在未来创造更大的价值？对于不同的用户群体和应用场景，这些问题的答案也各不相同，但你必须看到这些商业模式发挥的作用。产品和服务是你可以很容易借用的传统商业模式。在数字化转型过程中，你将看到平台和解决方案的潜在作用：就算你的商业蓝图中还没有它们的位置，但它们不久就会出现。两种新的商业模式（平台和解决方案）是对工业时代商业模式（产品和服务）的补充，它们定义了生态系统中构建者的角色。

智能手机的故事

还记得功能手机风靡天下的时代吗？诺基亚、摩托罗拉和黑莓是那个时代的产品先锋。美国电话电报公司、沃达丰、威瑞森、西班牙电信公司（Telefonica）及 NTT 都科摩（NTT DoCoMo）等电信运营商提供了各种手机服务。当时，塞班系统是最重要的手机平台，它代表诺基亚、索尼爱立信、Visa、美国电话电报公司、沃达丰和中国移动等功能手机生态系统的成员企业，以及 ARM 和博通（Broadcom）公司等半导体制造商协同进行的软件开发。在当时全球的大部分市场中，电信运营商充当着这个生态系统的构建者：它们与手机制造商做生意，决定手机品牌的推广，负责用户关系的管理、蜂窝网络的安装与升级，以及服务质量和网络覆盖率的提升。

2007 年，移动通信市场转向智能手机。苹果公司开始掌握智能手机生态系统的控制权。它将其专有的 iOS 系统置于移动宽带生态系统的核心位置，通过苹果应用商店管理用户关系。电信运营商依然负责提供移动通信服务（主要因为大多数国家的电信运营商拥有经营许可的通信频段），应用软件开发商也可以继续研发应用软件，但它们都只能通过 iOS 平台接触到苹果手机用户。2008 年，作为 iOS 系统之外的另一种选择，谷歌推出了安卓系统并成功形成了自己的生态系统。苹果和安卓不仅凭借近 30 亿款应用程序占据着各自生态系统的主导地位（在应用数量方面，安卓遥遥领先于 iOS），同时还获得了构建智能手机生态系统的权力。电信运营商则放弃了这个角色。

三星在智能手机生态系统中扮演的角色有助于我们理解构建与参与间的动态张力。三星凭借其高端安卓产品与苹果展开竞争，可以被视为安卓生态系统的构建者之一。为了创建第三个正统的移动生态系统，三星设计了一个名为泰泽（Tizen）的移动操作系统。到目前为止，应用软件开发商还未写出什么知名的泰泽专属应用程序（与谷歌的安卓系统相比）。在缺乏参与者的情况下，三星的商业模式不可能从产

品转向平台。因此它只能继续参与安卓生态系统，而无法成
为自己泰泽生态系统的构建者。

智能手机生态系统说明了构建功能的变化历程及其与传统
商业模式的不同之处。过去在构建某个商业模式（电信运营商
的服务提供）或某个平台（微软的个人电脑）方面取得的成功，
并不能保证新平台构建的成功（就像苹果和安卓努力做到的那
样）。成为一个生态系统中的强大参与者（三星）也不能保证其
他参与者会支持你成为构建者。

如今，两家构建智能手机生态系统的公司也是平台的所有
者。它们能够控制商业价值的产生方式和在四种商业模式之间
的分配方式。正如我们看到的，产品和服务本身并不具备解决
用户问题的规模、范围或速度。当前平台之所以占据主导地位，
是因为建立解决方案商业模式的成本太高，且机制尚未完善。
然而随着移动通信行业进一步从应用软件向机器人发展，解决
方案集成商还会创造出新的生态系统。在这些新生态系统中，
它们通过谈判在各种应用和服务之间解决问题，并创造出足够
的价值，从而构建生态系统。

我们仍然在学习构建。由于没有其他平台可以选择，微软
仅凭借 Windows 平台就主导了一个生态系统，但这样的时代已
经一去不复返。苹果正努力利用自己的技术创造价值，并为其
他公司参与其生态系统提供足够的动力，两者形成了一种完美

的平衡。它不欢迎硬件制造商与 iPhone 手机或 Macintosh 电脑展开竞争，但它允许微软、谷歌或其他公司开发的应用软件在其电脑、手机或智能手表上运行（未来还会在苹果的电视或其他设备上运行）。在你审视自己的企业时，请观察一下自己目前所处的或有可能成为其中一员的生态系统。谁在控制着各个平台？你能为其他参与者带来哪些价值？在不同的生态系统中游走时，建立自己的独特优势将有助于你决定如何制定第一个制胜策略。

明确你的最佳定位

就像我们看到的那样，在任何一个生态系统中，你都有两种战略选择：通过协调生态系统中的各个组成模块，成为该生态系统的构建者，为客户提供无缝价值（Seamless Value）；当一个参与者，为生态系统提供一个或多个重要组成部分，把它打造成一个与众不同的生态系统。一个生态系统不可能在所有方面都天然地优于另一个生态系统。你必须选择与你所拥有的技术和能力最为匹配的生态系统。那么，你应该如何选中那个能为你带来最大价值的生态系统呢？如何找到制胜策略？

汽车生态系统的渐进式转型（电动汽车和云技术发挥了更大作用）有助于我们回答上述问题。传统的汽车生态系统离不开汽车制造商，它们控制着供应链和分销渠道，利用各种类型的短期或长期商务合同以端对端的方式对这些价值链进行整合。

实际上，每个大型汽车制造商都在构建自己的封闭式生态系统。到目前为止，至少有两家数字巨头公司表现出想要影响汽车业未来的兴趣：Alphabet 拥有 Android Auto 生态系统，而苹果拥有 CarPlay。这两个生态系统都是它们向先锋（Pioneer）和建伍（Kenwood）这类重要的品牌汽车制造商和汽车电子设备提供商伸出的橄榄枝。

假如你是一家传统汽车制造企业，你将面对一系列决定：**你应该加入谷歌或苹果提出的数字汽车生态系统吗？**

考虑到软件的重要性越来越大，且这些软件越来越多地通过智能手机应用程序来操控，在大多数情况下，这个问题的答案是肯定的。但如果你打算在不久后推出一个类似的生态系统与谷歌或苹果展开竞争，你也可以选择不加入它们。不过即使你有志于与另一家数字巨头合作或独立打造一个新的生态系统，现在加入已有的生态系统，也有利于你学习和了解数字技术对汽车行业的复杂影响和细微改变。或许你会发现它们业务范围无法覆盖的一些领域，于是就可以开发出具有自己独特关注点的生态系统，与苹果 CarPlay 和 Android Auto 形成互补。

下一个问题是：**你应该同时参与这两个生态系统吗？**

现在，你正在进行一个重要的战略选择。你在汽车行业的用户可能使用安卓设备，也可能使用苹果设备，但他们未必同时使用两种设备。这一事实或许会对你的决定产生很大影响。你可能会选择支持两个生态系统，因为拒绝任何一个生态

147

系统都会让你远离一部分用户群体。更加战略性的考虑是，如果你的理论依据不是优先与某个生态系统相匹配，你就应该两者都选。如果两家公司中有一家公司的客户相对较少（就像Windows手机或黑莓手机那样），情况就不一样了，然而鉴于目前苹果和安卓在全球汽车行业的地位，你很有可能会同时参与到两个生态系统中（请注意，在其他场景中，这不一定是最佳的选择）。

现在，我们来进行一些更深层次的战略思考：**你应该与其中一个生态系统建立优先关系吗？**

如果你是汽车制造商，与安卓或苹果合作是否能够将它们的生态系统更加深入地集成到你的汽车仪表盘上？或者你的汽车是否会沦为承载各种软件的一个硬件空壳，从而导致市场地位急剧下降？这些都是你必须评估的问题。重要的不是苹果CarPlay或Android Auto当前的功能水平，而是未来五年这些软件和应用将如何把汽车变为连接到云端的"车轮上的计算机"。

这一思路又引出了下一个问题：**你可以构建同时与苹果和安卓相连的迷你生态系统吗？**

关于这个问题，你可以观察其他相关的参与者：电信运营商美国电话电报公司宣布在汽车上实现了联网及通信功能；子系统制造商博世、德纳汽车公司（Dana Incorporated）及德国大陆轮胎公司，其中大陆轮胎公司与谷歌合作开展了轮胎性能优化实验；云技术提供商赛富时（Salesforce）论证了将丰田汽车连接至云端的方法；与沃尔沃合作打造和运营沃尔沃云的爱立信，将汽车联网，并收集汽车、沃尔沃公司，以及瑞士和挪威两国地方政府的相关数据。

我说过你有两个选择：成为构建者或参与者。但真相是这两个角色分别代表着生态系统的两个极端。既然生态系统是动态的，你的角色也就会随时发生变化。期望稍微提高收入利润率的参与者可以与其他参与者合作，在一个大的生态系统中创建几个小的迷你生态系统。最终，苹果和安卓构建各自汽车生态系统的能力取决于平台上提供产品和服务的公司的支持，以及它们对平台的选择。或许你不具备发号施令的能力，但你的行为对于构建者及其生态系统的成败至关重要。作为汽车行业的传统企业，你无法选择当一名旁观者。你必须登上数字商业的舞台，与其他计划成为构建者的企业结成同盟。或者你也可以学习一些新能力，建立必要的合作关系，然后将自己变成一名构建者。这不是一个战术决策，而是定义未来发展的战略。请记住，数字巨头在数字化转型的早期阶段或许具备一定的构建优势，因为它们可以利用已经形成的规模和范围来保持领先地位。但是传统企业也可以重新获得并抓住这种优势。

作为传统企业，你所面临的最重要的战略问题是：在汽车业转型的过程中，为确保自身定位（参与者或构建者），如何与数字巨头和其他创业公司合作以获得应有的经济价值？现在我们来看另一个生态系统：移动支付。移动支付正在从磁卡和芯片密码卡转向智能手机的内置支付软件。这种转变不会在一夜之间发生，因为原来的基础设施涉及终端和读卡器，但移动支付的时代显然正在到来。凭借着 Apple Pay 和 Android Pay 应用，苹果和谷歌再一次成为支付领域的构建者。与移动宽带生态系统一样，三星有志于在支付领域占据更核心的地位，它也推出了自己的支付应用 Samsung Pay。当然，这里依然少不了传统的支付企业，例如发卡银行（大通银行、美国银行、巴克莱银行），信用卡公司（美国运通卡、维萨卡、万事达卡），收单机构和交易处理机构（大通银行、Cielo、花旗银行），支付网关（贝宝、Stripe、Klarna），以及大量的商户服务提供商。未来十年移动支付系统会如何发展？谁将是这一领域的构建者？

沃尔玛的故事

让我们用同样一组问题来问问沃尔玛这样的传统企业在构建者和参与者之间如何选择。

1. 沃尔玛应该加入谷歌或苹果提出的移动支付生态系统吗？

2. 沃尔玛应该同时参与这两个生态系统吗？

3. 沃尔玛是否具备与其中一个生态系统建立优先关系的独特技能和能力？

4. 沃尔玛是否有机会利用其数字能力同时构建与苹果和安卓相连的迷你生态系统？

当苹果公司在 2012 年推出 Apple Pay 时，沃尔玛原本可以对以上四个问题说不，因为它想要成为移动支付领域的构建者，至少是在数字商务、在线商店和实体店领域。早在苹果和谷歌宣布进军移动支付领域时，沃尔玛就集合了一众商户，想要创建自己的 CurrentC 移动支付系统。它获得了7-11、塔吉特、百思买和劳氏的大力支持。面对苹果的支付生态系统，沃尔玛的早期应对措施是抵制并继续支持零售商联盟（Merchant Consumer Exchange），支持该联盟推出的CurrentC 支付系统。作为一个潜在的构建者，沃尔玛说服联盟成员拒绝使用 Apple Pay。它想要阻止自己生态系统中的参与者叛逃到竞争对手的生态系统中去。

然而参与者们在这一问题上产生了分歧。有些商户（CVS和塔吉特）决定在各自的店铺内抵制 Apple Pay，忠于联盟成立时的初衷，但另外一些商户想的则是到底是继续参与这个具有排他性的项目，还是就合同条款进行重新谈判，探索与 Apply Pay（以及以后可能出现的任何类似产品）的合作可能性。面对新企业推出的新选项，这种左右为难的处境正是面对核心冲突时的典型反应。由于有了更多可供选择的方案，一些商户希望参与那些涉及范围广，对用户有吸引力，同时又具备易用性和可靠性（更高安全特性）的系统。当Apple Pay 和其他类似应用被引入后，它们对 CurrentC 这种落后系统失去了兴趣。

2015 年末，沃尔玛仍然在支持这一合作项目，但它也担心 CurrentC 可能不再会得到其他零售商的支持。为了与 Apple Pay 竞争，沃尔玛推出了自己专有的 Walmart Pay 系统。沃尔玛旗下店铺，以及受到优惠活动引诱的用户，或许会对这一独立的系统表示欢迎（就像沃尔玛在 20 世纪 90 年代推出的会员卡一样），但如果沃尔玛要成功构建自己的移动支付生态系统，它还需要更多的参与者。

从实体店面数量和忠诚顾客（每周和每月均到店购物的顾客）数量看，沃尔玛无疑是零售行业的领导者，但这种规模优势不一定会转化为构建移动支付的能力。2016 年中，MCX 和 CurrentC 几乎被关闭。沃尔玛始终怀有成为构建者的志向，但到目前为止，参与这个封闭支付生态系统的零售商依然寥寥无几。

向不同的生态系统学习

汽车行业和移动支付系统的案例给我们什么启示？从根本上说，一家中小型传统企业可能无法有效构建一个生态系统，并与规模和范围都很庞大的数字巨头企业展开竞争。现有数字巨头的生态系统可以打破行业的界限，提升其生态系统的优势。你应该选择参与它们所有的生态系统，或者优先加入一个。当你获得了独特优势后，就应该开始构建具备侧重点的生态系统，以此学习和扩张自己的网络。一家大型传统企业不能想当然地认为仅凭自己在传统行业内的规模就能在数字领域占据优势。如果你已经具备了强大的数字能力和能够加以利用的生态系统，那么你可以考虑把自己定位成所处生态系统的构建者，并将过去的各种关系和良好愿望引入到行业中来。但必须注意的是，你的潜在合作伙伴会用各种标准去对比和评估你的生态系统和数字巨头的生态系统。竞争对手生态系统中具有天然优势的各种数字功能（如隐私性、安全性、云联网和数据分析）可能会战胜你过去拥有的各种关系资源。

数字巨头企业会想方设法在每个行业构建生态系统，因此你必须观察和分析它们正在做什么，同时做好应对的准备。与此同时，不要错误地认为它们在所有条件下、所有行业中都具备天然优势。举例来说，由于主要电视频道和有线电视运营商至今未答应苹果提出的条件，苹果公司因而无法构建一种新的电视观看体验。从根本上说，苹果并没有像其在音乐领域的iTunes 和 iPod 那样，获得构建电视生态系统的权力。在汽车业，以及食品、农业、化学制品和农药、建筑业、电力、交通和其他仍未出现明确的构建者的工业生态系统中，情况是一样的。通用电气、三星、博世、ABB 集团、西门子等均已流露出想要成为各自领域构建者的意图。

生态系统的范围也是动态变化的,其中包括多个平台、产品、服务和解决方案。当传统技术遭遇数字技术时，传统行业的重要性会下降，其盈利方式也变得过时，过去的实力和优势失去统治地位，有些商业活动甚至就此被淘汰或消失不见。新兴的生态系统会围绕被数字巨头们视为商业架构的领域确立，还是由传统企业共同（甚至单独）确立？这是每一个企业在数字化转型时都要面对的基本问题。

你是否具备构建者的六大特质？

构建者的角色并非一成不变或被选中就要长期担任，认识到这一点至关重要。通过不断的竞争，参与者总能选出最优秀的构建者来实现生态系统价值的最大化。移动支付生态系统，及沃尔玛在这个系统中的竞争就是一个典型的例子。一个成功的构建者必须具备以下六种特质：

愿景。构建者要清楚地表达出解决核心用户（或社会）问题的具有说服力的愿景。优步的愿景是解决城市交通和人们出行问题；谷歌的愿景是以可承受的价格加速提高智能手机的普及率。苹果致力于成为个人健康系统构建者的愿景具有足够的说服力吗？ Alphabet 互相重叠的愿景真的能让它把各个生态系统整合成一个网络，帮助实现医疗保健行业转型吗？通用电气有能力为不同领域构建工业生态系统，将生产效率提升到一个新的水平吗？谁又能为各行业趋之若鹜的区块链提供具有说服力的愿景呢？时间将会告诉我们答案。在一个非商业的场景中，比尔与梅林达·盖茨基金会清晰地表达了令人信服的愿景：将马克·扎克伯格和沃伦·巴菲特等其他慈善家吸收进来，共同为慈善事业出力。愿景必须引人注目，才能吸引到其他的参与者。它还必须清晰而独特，那些重要的参与者才不会有自己亲自构建生态系统的想法。

特殊性。构建者在追求愿景的过程中需要具备一种独特而关键的能力，它是参与者要求的，也是用户看中的。优步在同来福车、滴滴及 Gett 等公司竞争时，是哪种能力让它从竞争中胜出？为什么那些兼职司机优先选择优步而不是其他公司？为什么乘客会选择优步而不是其他公司？网络效应的经济原理是原因之一。但随着时间的推移，当司机和优步的竞争者建立起合作关系，乘客也安装了更多打车服务软件后，他们就没有任何转换成本了。这时我们就必须去探索其他领域的特殊性了。沃尔玛未能成功构建移动支付生态系统，部分原因就在于它缺乏苹果、三星、安卓、贝宝等公司的特殊性。在每个生态系统中，两类玩家清楚地表明了我们所需要的差异性：提供服务的参与者和贡献金钱的用户。

互补性。构建者要把具有互补性的合作伙伴吸收进来，以便提升生态系统的价值。生态系统的良性循环涉及用户的接受程度（研究者称之为"直接网络效应"），以及参与者通过前文所述的四种商业模式提供的支持（研究者称之为"间接网络效应"）。被构建者吸引的互补性参与者类型越丰富，生态系统就越有活力，功能也越强大。有鉴于此，优步通过深度应用整合打通了与 OpenTable[①]、万事达卡、希尔顿酒店，以及与其他企业的关系，为用户和参与其生态系统的公司提供了更多便利。过去我们在 Windows 和 iOS 平台的各种软件应用中看到了互补性，现在它又体现在移动平台上，未来它还会出现在支付生态系统、智能家居生态系统和数字健康生态系统中。最终，生态系统构建者将不同水平的网络整合成一个系统。"当整个系统的毗邻部分（智能手机、可穿戴设备、传感器网络、新物理层、区块链等）被建立起来时，全系统的网络效应得以确立，生态系统的实力和重要性也随之增强。这个层面上的网络效应强大到令人难以置信，因为它有效地释放了之前层面的复合价值。"因为数字巨头可以接近全系统的网络效应，所以它比传统企业更有条件成为构建者。这就是说，传统企业必须利用物联网、区块链和云技术等来发挥建设中的新的数字基础设施的价值。

尊重。构建者从其他参与者那里获得了权力。在某些生态系统中，参与者可能会提供支持，因为它们别无选择，但它们总想突破束缚并寻求其他合理方案。这类参与者对构建者并未怀有很深的敬意，它们只是在展现一种义务性（但其实不具有实质性）的支持。只要有机会，它们就会弃你而去，尤其在转换成本很低的情况下。这种弱支撑下的构建行为就像流沙一样缺少根基。一家公司扮演构建者的能力，取决于其生态系统中参与者在不确定的技术转型时期对构建者的尊重。使用"软实力"

---

① OpenTable，美国领先的网上订餐平台。

（吸纳能力）而不是"硬实力"（强制权）的构建者更容易赢得尊重。

治理。 成功的构建者以公平、透明的方式管理生态系统内部和生态系统之间经常出现的冲突。举例来说，作为解决方案集成商，IBM微妙地平衡使用着第一方组件（IBM生产的组件）和向用户传递价值的第三方部件。亚马逊自己的在线商店也要把握一种精准的平衡，避免过分偏向自己的产品（如Kindle），而忽略竞争对手的产品（如苹果的iPad）。苹果和谷歌构建的应用商店要公平对待与自己的应用软件——地图、支付、照片和音乐软件存在冲突的第三方应用。构建者对某些参与者或自家的产品和服务会存在感知偏好，这是不可避免的。如果出现这种情况，应该公开声明并维持现状吗？什么情况下可以例外？要如何更好地进行沟通？如果公开的条款规定与构建者的预先声明一致，就能大大增进互信。

动态。 必要时，构建者要主动调整愿景并与其他生态系统互连。生态系统的参与者期望构建者能始终与发展趋势和变革步伐保持一致，并为其提供全程帮助。随着屏幕尺寸、外形因素（例如手机、手表和平板电脑的区别）等硬件功能越来越强大，手机应用软件也在逐渐发展。构建者跟上技术进步的步伐（如果无法做到领先），参与者就不会因为技术滞后而深陷困境。以视频游戏为例，任天堂和微软（Xbox）等公司利用各种工具让游戏开发者跨越了几代游戏机架构，并帮助发展了各种游戏。

如果构建者无法与动态发展趋势保持一致，必然会失去参与者的支持。

三大步骤助你设计出第一个制胜策略

在数字化商业时代，每家公司都被嵌入各种生态系统中。我们用四种典型的商业模式（产品、服务、平台和解决方案）理解这些生态系统。你完全可以加入不止一种生态系统，这意味着你可以是某个（或几个）生态系统中的构建者，同时又是其他生态系统中的参与者。

以下步骤可以为你提供一些工作思路，让你朝着构建者的方向稳步迈进，并知道应该在何时支持其他人成为构建者。近来，爱彼迎、优步、YouTube、贝宝、阿里巴巴等数字化商业平台掀起了一阵狂热，几乎每个人都想搭上这趟"平台的班车"。遗憾的是，不是每个人都具备搭建平台、构建生态系统的能力。因此，你没有必要成为每个生态系统的构建者，我也不建议你这么做。当你探索各个生态系统时，确定自己想成为哪些领域的构建者、哪些领域的参与者，以及如何随着条件的变化调整选择，这是制定第一个制胜策略时需要重点考虑的问题。

定义与你相关的生态系统组合。不论处于转型的哪个阶段，你都不会仅处于一个定义明确的生态系统中，而是位于一组互相关联的生态系统组合中。例如一家传统汽车制造企业就处在一个由零件和若干子系统构成的生态系统中，同时还位于电信运营商和云服务提供商组成的远程信息技术相关的生态系统、数字巨头组成的移动应用生态系统和三类玩家共同构成的交通运输服务生态系统中。

随着汽车业数字化程度的进一步加深，更多的生态系统（如混合动力系统或汽车电池）也将出现，现有生态系统的相对重要性无疑也会发生变化。2000年左右，汽车制造商或许并未将电池生态系统列为优先发展的重点项目，但到了2014年，当特斯拉在内华达州宣布与主要合作伙伴松下公司一起建设超级工厂时，这个生态系统的重要性开始上升了。到2020年，如果特斯拉能够实现接近50%的计划产能，它可能就会成为电池生态系统的构建者。今天的构建者或许是优步，因为汽车制造企业还未对自身业务范围进行广泛思考。但是有了通用电气旗下的Maven品牌方案、福特的移动性实验，以及戴姆勒的Moovel移动平台，我们不应该排除汽车制造商将成为城市交通生态系统构建者的可能性。

如果你属于默克或诺华这一类传统制药企业，在保健信息技术平台、电子与个性化健康档案、可穿戴技术与健康应用程序，以及高级分析法领域，你会看到构建数字健康生态系统的一些早期行为。边界的不确定性是当下生态系统的一个特征，三种类型的企业都在竞相争夺构建一个或多个生态系统的权力。这些生态系统目前看来似乎还很不完善，但很快就会成长起来，成为医疗保健领域价值创造和价值捕获过程的核心。那时，谁是医疗保健生态系统的构建者就一目了然了。举个例子，目前利用原始传感器采集健康信息的可穿戴设备或许仍处于边缘实验阶段，但到了 2020 年，这些传感器有可能达到医疗级水平，可穿戴设备也具备了开展各种疾病诊断的能力。除了健康生态系统之外，使用这些传感器采集到的数据还能界定保险或其他相关领域的新生态系统。

一种简单而有用的方法就是从用户感知价值的方式出发。先列出一些能为用户提供价值的主要生态系统的名单，就像我在本书中强调的，为用户提供价值是通过关系网络中构成的一组能力实现的。对于每个生态系统，我建议你找出谁最适合成为目前的构建者：你的企业还是其他企业？按照上文论述的六种标准，分析一下你和其他企业应如何做好准备，这有助于你明确自身定位。

明确你在每个系统中的定位。正如前文论述的那样，面对每个生态系统，你都有两个选择：成为构建者，或者作为参与者。努力成为每个生态系统的构建者已不再被视为良策（苹果和 Alphabet 都放弃了这种做法），因此请认真思考你想成为哪个领域的构建者、哪个领域的参与者。通用电气是工业互联网的领导者，但在它的数字化转型中，还有许多其他的全球化公司。瑞士工业企业 ABB 致力于通过采矿、能源和电网等基础设施领域的软件创新实现差异化，目前它已经与赛富时、挪威国家石油公司、博世、爱立信建立了合作关系。对于这类受到数字化趋势影响的工业企业，我的建议是找到自己在各个不同但互相关联的生态系统中的定位。在网格中写下你的相关生态系统的名称：先画一个正方形，把它分成四个象限。纵轴代表生态系统的战略重要性（高或低），横轴代表你作出的选择（参与者或构建者），之后在适当的方框内写下你参与的生态系统的名称。你对自己在生态系统中的定位满意吗？如果不满意，你还应该在数字化转型的过程中做些什么？

把你的情况与其他直接竞争对手进行对比，发现自己的优势所在。决定你的数字化商业战略的不是你所尝试过的技术或已掌握的技术，而是清楚地表达出你在传统行业和数字前沿领域的交叉点上所形成的复杂而动态变化的生态系统中所扮演的角色。请记住，在不同的发展阶段，参与者和构建者的角色是变化着的，接着就是动态变化的问题。

审视生态系统的动态变化。这是战略性思维的重要部分。按照数字化进程的速度，你将发现自己置身于新的生态系统中，有些是你在第一步中定义的生态系统的延伸，另一些则是三类企业通过创新所产生的全新的生态系统。想一想 3D 打印、区块链和协作机器人等新技术会为你的行业带来哪些新的数字化商业生态系统。西门子正在考虑利用区块链技术（实质是数字公开账本）取代公寓楼内洗衣机所使用的代币，或者跟踪同一街区内的居民之间的太阳能交易。如果你是西门子公司，你在区块链生态系统中扮演的构建者或参与者的既有角色会发生变

化吗？参考上面绘制的生态系统网格，在什么情况下你会主动转换角色？当你仔细思考上文中提到的构建者的六大特质时，你需要具备哪些新能力才能成为一位有效的构建者？

　　充分了解数字化商业生态系统并确定自身定位，是一个非常重要的制胜策略，它让你知道应在何处投入精力。如果在各个相关生态系统中充分利用自身资源，它还会让你清楚地看到现有生态系统内外的竞争对手和潜在盟友。这是一条至关重要的信息，也是下一章节的主题，它能让你在各个生态系统中游刃有余。

第 7 章
制胜策略 2：合纵连横竞争对手及潜在盟友

    大多数人将商场看成一个竞争性的环境。大家在这里争夺市场份额和员工，与竞争对手比拼收益。但正如我们所知，有时我们也需要彼此合作。我们与供应商和分销商合作，与客户合作，与立法部门和监管部门合作。我们喜欢把事物按照阵营分类，但强调网络和生态系统的数字化商业模糊了这一区别。正如 Novell 公司①前首席执行官莱·诺达（Ray Noorda）在发明"合作竞争"（Coopertition）一词时所指出的那样："你必须在与人竞争的同时也与人合作。"当我们谈到生态系统时，这就是你的制胜策略。不仅要与你的盟友合作，还要寻求与竞争对手合作，这样你才能向他们学习，共同推出新产品和发展新能力。

---

① Novell 公司，世界上最具实力的网络系统公司之一。

重要的是何时开始合作和为什么合作

在 2016 年，大多数观察者会认为谷歌和苹果是一对竞争对手，尤其在手机市场。但情况并非总是如此（现在更不是这样）。2007 年，苹果公司首席执行官史蒂夫·乔布斯发布 iPhone 手机时，曾邀请谷歌总裁埃里克·施密特上台，以显示苹果和谷歌在手机创新领域是合作伙伴。施密特当时是苹果公司董事会成员之一。iPhone 手机预装了谷歌地图，并将谷歌设为默认搜索引擎。在乔布斯眼中，苹果与其首选合作伙伴谷歌将共同颠覆和主导整个通信产业，正如二十年前微软与英特尔在个人电脑领域所进行的成功合作一样。

苹果将其与谷歌的合作关系放在优先位置，认为两家公司的互补（非重叠）能力会延续一段时间。与此相反，苹果与拥有两年 iPhone 手机美国独家经销权的电信合作伙伴美国电话电报公司的合作关系却十分有限。为了实现全球覆盖，苹果将来发售新版 iPhone 时自然会选择与其他电信运营商建立合作关系，但苹果绝不会把其他公司的地图应用软件预装到 iPhone 中。当时苹果并未推出自己的地图软件与谷歌竞争，以后也并不打算这么做。两家公司精诚合作，共同为智能手机领域创造价值。它们之间不存在因为竞争引起的摩擦和紧张关系。

2009 年，也就是第一代 iPhone 手机发布两年后，谷歌推出了安卓操作系统，与苹果的 iOS 系统展开竞争。与在一个紧密集成的环境中开发手机软硬件操作系统的苹果公司不同，安卓系统选择了对所有硬件制造商都开放，让它们自己设计和制造与安卓系统兼容的设备。苹果和谷歌从过去的合作伙伴、iPhone 智能手机的共同缔造者转变为竞争对手。虽然谷歌并不直接从安卓系统中获取收益，但安卓生态系统的竞争力比苹果更强。

史蒂夫·乔布斯坐不住了。为摆脱安卓威胁，他扬言发动"热核战争"也在所不惜。他毫不掩饰地指责昔日的合作伙伴，说其改变了彼此在合作关系中的地位："我们从未涉足搜索业务，但它们（谷歌）却干起了手机业务。毫无疑问，谷歌想要干掉 iPhone，但我们决不答应。"虽然谷歌早在 2005 年就购买了安卓系统，但当时乔布斯认为苹果和谷歌之间不会存在直接的竞争。

为什么谷歌要推出安卓与它信赖的合作伙伴竞争呢？在我看来，保护自己的核心业务是最令人信服的商业理由。数字技术从电脑桌面进化到手机屏幕，这对作为谷歌核心的广告业务构成了威胁。假如谷歌不能（事实如此）对其广告业务作出调整以符合智能手机时代的需求，它就会错过下一轮技术革命。于是谷歌的本能反应就是搜索业务转向哪里谷歌就出现在哪里，将其广告能力移植到手机场景中。如此一来，谷歌与苹果的合作关系就变成了对手关系和竞争关系。苹果自主研发了地图应用软件，但仍然将谷歌作为首选搜索引擎（因为苹果没有自己的搜索引擎），据说谷歌为此向苹果支付了约 10 亿美元的费用。

如今出于双方的需要，在不同的时间和不同的行业，它们有时是合作伙伴，有时是竞争对手，有时还是既合作又竞争的关系。莱·诺达在 20 世纪 90 年代初指出："我们正在朝着一种生存环境前进，实力最强者将成为掌握前进方向的舵手。"而实力来自于共同为消费者创造的价值。为了满足消费者对硬件、软件应用程序和服务之间的互通性（Interoperability）需求，主流的谷歌应用也在苹果的应用商店出售，而苹果的应用软件也可以在 Google Play 商店里看到。两家公司对于安全性的看法是一致的，但对于消费者隐私，以及出于营利目的合法性使用消费者信息却各持己见。它们从同一个硅谷人才库中争夺员工；它们在媒体和娱乐（谷歌有 YouTube、Chromecast 和 Google Video，苹果有 iTune 和 Apple TV）、浏览器（Chrome 和 Safari）、个人助理服务（Assistant 和 Siri）、相册业务、存储业务和电邮业务（Gmail 和 Apple Mail）等领域展开竞争。谷歌在移动广告方面占据优势，苹果则撤出了这个战场。正如我们在第 6 章中谈到的，它们是移动互联网领域的两大主要的、彼此竞争的构建者，并且它们这种关系在汽车和医疗保健等领域依然不会改变。

过去十年，谷歌和苹果的"恩怨情仇"为数字化生态系统中商务关系的基本格局和价值的共同创造提供了有用的指向性。在不断进化的生态系统中，公司之间的关系是流动和动态的。消费者希望看到改变，企业也会为了追求新的价值而调整能力组合。因此，没有任何两家公司之间始终是纯粹的竞争关系或合作关系，因为它们各自的能力范围无法准确地划分，只能以一种复杂的方式彼此依赖。每家公司都会处于各种各样的关系中：有些公司关注的是当下的效率和价值捕获，另一些公司则专注于创新，在产生价值之前可能需要一段较长的潜伏期。重要的是管理好这些关系并不断调整你的能力。

切"蛋糕"之前先做大"蛋糕"

合作竞争这一概念凸显了数字时代的价值创造、价值捕获与工业时代确立的经典原则之间的差异。纯粹的竞争是如何分割现有的价值"蛋糕"？各个公司利用各自的能力组合赢取更大的价值；合作则是把多家公司的能力在短期内（也可以是长期的）联合起来，做大价值"蛋糕"。与此相反，合作竞争则是既要把"蛋糕"做大，同时也要保证你获得公平的价值。

那么特定时间内，如何确定谁是合作者、谁是竞争者、谁既是竞争者又是合作者？ 1996 年，亚当·布兰登伯格（Adam Brandenburger）和巴里·内罗巴夫（Barry Nalebuff）合著了影响力巨大的《竞合策略：商业运作的真实力量》（*Co-opetition:*

A Revolutionary Mindset that Combines Competition and Cooperation）一书。你可以从这本书中找到答案。除了我们熟悉的公司、供应商、竞争者等，他们借用博弈理论建立了一个框架，引出了互补者这一角色。他们认为：

1. 与客户手中只有你的产品时相比，如果客户在同时拥有你和另一家企业的产品时更看重你的产品，那么另一家企业就是你的互补者。

2. 条件同上，如果客户更看重另一家企业的产品，那么另一家企业就是你的竞争者。

在数字化商业场景中，平台及平台上运营的产品和服务都是互补者的关系。例如，Windows10 的存在提升了各种专为该平台打造的软件产品的价值。许多硬件设备也被 Windows10 系统视为一个互补性平台。但是当某些平台为了吸引产品和服务进驻而与另一些平台竞争时，它们又存在彼此竞争的关系。于是，Windows10 在硬件设备和软件应用上又与苹果（MacOS、iOS）和谷歌（Chrome、Android）展开了竞争。

既然同一家企业可以既是竞争者又是合作者（例如谷歌和苹果），我们就需要采取不一样的方式管理这些关系。此外，竞争与合作之间相对动态的关系也会随着时间的推移而发生变化，特别是当企业的数字架构正经历三个转型阶段时。

作为行业内一家传统企业的领导者，你对长期供应合同、多年制造订单或独家销售权，以及经销协议了如指掌。你拥有成熟的流程和最佳的实践。今天，你的商业生态系统似乎是围绕着你的供应链和分销渠道而明确打造的，与那些对价值创造和价值捕获至关重要的领域少有重叠之处。价值链上下游的主要供应商和分销商大多位于你和竞争对手之间。此外，通过应用程序界面（在不同系统中设计和使用应用程序所需的工具和协议），以及互连性所实现的内在互通性和数据共享，你凭直觉就能感受到合作在软硬件领域的力量。信息技术的运行方式，以及向员工提供的服务，还让你看到了这种合作的结果。如果你参与了组织内部的信息技术管理工作，你还会了解微软、赛富时、Box、VMware、IBM、思科、亚马逊等技术提供商内部的合作如何帮你将 IT 运维移植到云端。

从本质上说，与互补者合作的生态系统可以帮助每家企业把价值"蛋糕"做大，因为它让平台上的所有企业都能利用规模、范围和速度优势，把更有针对性的产品更快地提供给更多行业内的消费者。数字技术固有的传感器、软件和服务交付将各个领域的数据汇聚起来，同时在传统企业、科技型创业企业和数字巨头之间以竞争者和合作者的身份建立联系。随着数字化程度的不断加深，你将看到更多的竞争合作关系，识别变化并具备应对的能力变得十分重要，它能让你分得更多价值"蛋糕"，获得各种必要的能力，从而保证企业未来的成功。

数字化有助于增强合作关系

在传统企业的数字化转型过程中，合作处于中心位置。其原因在于：价值是由各个传统行业中的多家企业共同创造的，数字产业通过各种方式将之联合起来，为客户提供新服务并获取价值。就产品与服务的设计和交付问题，每家公司都必须与各种平台公司和解决方案公司进行协调，以此提供客户所需要的价值。这正是"能力共建"的本质所在。

在前数字化阶段，行业内的传统企业习惯于将数字巨头公司视为供应商，而不是竞争对手。但是在数字化转型的第一阶段，各种实验在你所在行业的边缘进行着，或许这时你才会将数字巨头和科技型创业公司看成是合作者。它们所拥有的数字技术可以帮你增强自身的实力。

到了转型的第二阶段，上面这些公司大部分都会成为你和其他传统企业的竞争对手，因为它们对你所在行业的入侵将导致冲突发生，颠覆传统的经营方式。它们可能用你所不具备的方式解决问题。然而，当你通过第三阶段进行企业根基重塑时，你与科技型创业公司及数字巨头在生态系统中的关系可能既有合作又有竞争，还可能是竞争与合作并存。你要接受这样一种状态，即在动态、复杂的生态系统中与其他公司同时存在竞争与合作。这意味着与一些可能在数字化商业系统与你竞争的公司共同打造各种能力。

向数字巨头公司学习

以一个简单的练习来描绘某些数字巨头公司之间的关系。假设这些公司有亚马逊、苹果、脸书、谷歌、IBM、微软、网飞和三星。现在要求你将这些公司配对，并用竞争（－）或合作（＋）描述它们之间的关系，你会怎么做？

▲ 苹果和谷歌：－（操作系统、浏览器、电子邮件等）

▲ 谷歌和脸书：－（移动广告）

▲ 苹果和微软：－（台式电脑、笔记本电脑和移动设备）

▲ 亚马逊和网飞：－（视频数据流）

▲ IBM 和微软、苹果、谷歌：－（人工智能和认知计算）

▲ IBM 和苹果：＋（苹果操作系统上的企业应用软件）

其实你根本无须一一配对就会发现，它们之间多半是竞争关系。

但是如果你加入第三种关系——竞争合作（＋／－），情况就变得复杂而微妙起来。

IBM 和苹果：我们说这两家公司现在是合作（＋）的关系，但 IBM 的沃森和苹果的 Siri 又是什么关系（两者均通过认知计算推进下一代人机体验）？

苹果和三星：两者在移动设备方面是竞争（－）的关系，但在手机电子元件方面却是合作（+）的关系，因为苹果是三星半导体部门的最大客户。

网飞和亚马逊：尽管两家公司在视频内容和商业模式上各不相同，但在视频点播领域仍然是竞争（－）的关系，而在视频数据流领域则是合作（+）的关系，因为网飞依赖于亚马逊的网络服务。

随着更深入的探究，完成这个练习时我们会发现，实际上每种关系都存在着不同程度的竞争合作（+/–）。这些关系是多层面的：竞争发生在一个层面，而合作发生在另一个层面。这只是少数几个例子。观察一下应用程序界面，你会看到所有数字巨头之间都是紧密联系的，它们以一些深层次的通道来为用户（包括企业）提供服务的互通性。同样地，生态系统要获得发展的规模、范围和速度，数字化关系网络就要变得更加具有竞合性。

我们还没有说到这些关系如何在数字化转型的三个阶段扩展到你所在的行业，之后我们还会讲科技型创业公司和传统工业企业的情况。我推荐你们都做做这个练习，但先让我们用四个不同的区域建立交互思维。

在生态系统内共同创建能力

目前我们已经知道数字化商业需要在三种类型的企业之间建立多种关系。数字时代，传统企业、数字巨头和科技型创业公司合作，共同为价值创造和价值捕获建立新基础。在此过程中，你需要提出两个问题：1. 我对我的合作伙伴有多重要？ 2. 我的合作伙伴对我有多重要？（就本论述而言，合作伙伴指三种类型的企业。在选择一类企业而放弃另两类时，为了形成更加深刻的见解，你应对它们加以区分。）你的角色可能是竞争者、合作者或竞争合作者，但你必须了解自己的相对价值，它是在生态系统内进行交互的基础。在一个网格中绘出各种可能的反应，我们就能得到以下四个交互区域（见图 7.1）：

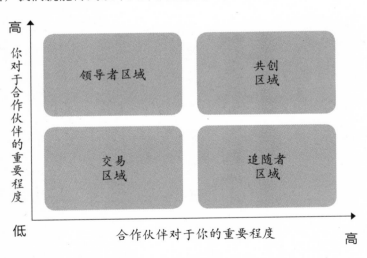

图 7.1 四种数字化商业模式

交易区域。如果你和你的合作伙伴看不到彼此合作或竞争的交互价值，你们的合作水平及共同创造水平也会很低。在这个区域（典型的转型第一阶段），你可能还在独自开展实验，而其他企业可能正致力于它们自己的颠覆模式。如果你与其他企业之间还存在任何其他交易，而这些交易依然是依据买卖双方的标准合同进行，那么你可能在关注数字化的趋势和方案，却只是凭借自己能够获取的资源，而不是通过与其他企业建立联系来思考自己的行动。这个区域其实并没有什么专门的关系，你不会（也不应该）花太多时间思考合作的问题。一旦你明确了自己的优先事项，这个区域的重要性就会显现出来，你也可以改变这个区域中的某些活跃关系，同时对另一些关系给予更多的关注。

领导者区域。作为传统企业，你已经认识到进行商业模式转型的必要性，并正与其他在关系建设方面还投入不多的企业合作。只要你在这项工作中处于强势地位，你就属于领导者区域。你在适应数字时代的工作方式的同时也在自信地捍卫自己的核心优势。你发现了其他企业带入市场中的重要资产和能力，并在必要时将这些资产和能力作为补充，同时不让它们深度介入你的转型过程。你或许可以进行一些更优先的安排，而不只是签订标准合同，但在这个转型阶段，你会小心地保护自己的优势。福特公司就是一个很好的例子。起初，福特与微软合作打造了 SYNC 系统，但后来又认为黑莓的 QNX 操作系统更符合其数字服务路线图。到目前为止，戴姆勒、通用汽车、丰田等公司都是遵循这一合作路线，但随着这些企业数字化转型的进一步深化，它们也亟须转向其他区域。

你在数字化转型的任何一个阶段都有可能处于这个区域，因为你从强者的角度精心选择合作伙伴。假如某个数字合作伙伴不符合你的选择标准和协作框架，你可能会从自己所在的区域选择一家科技型创业公司进行合作，或者你也可以和传统企业一道开拓新的发展方向。总之，是你在领导数字化转型的进程，而其他企业提供支持。当了解数字化进程的速度后，你可能希望评估一下如何，以及何时才能发现这个区域的关键方案，即便你最开始处于追随者区域。

追随者区域。这是与领导者区域相对的另外一极。其他企业在指挥转型的议程，而你多多少少只是在追随它们确定的行动方案。克莱斯勒集团首席执行官塞尔吉奥·马尔基翁（Sergio Marchionne）把打造汽车行业手机软件的数字巨头称为"破坏性闯入者"。除了汽车行业之外，你或许也意识到在你所处的行业场景中，行业的数字化过程缺乏必要的互补力量，而你除了与某些"破坏性闯入者"合作之外，也没有其他合理地选择，至少目前来看是这样。在前面的章节中，我们看到霍尼韦尔在设计 Lyric 恒温器时也不得不面对这个问题，其他主要设备制造商在面对未来的智能家居时同样无法回避这个问题。数字化企业已然成为许多行业数字化转型的领导力量。你意识到固有的合作竞争张力，但又被带入一种短期内找不到有吸引力的选择的境地。你可能会进入一种只为你提供追随选项的关系，但在大多数情况下处于合作关系中，你能快速地向他人学习，了解所在行业数字化进程的规模、范围和速度。

你面临的挑战是：不仅要彻底想清楚合作竞争的第一阶段，还要想清楚后续的决策，以保证数字化转型不会削弱你下一阶段的竞争地位。豪雅表当前就面临着这种局面。当苹果公司推出 Apple Watch 时，豪雅表不得不决定是否要研发自己品牌的智能手表。如果研发，是完全依靠自己还是与一家数字公司合作。豪雅表的首席执行官让·克劳德·比弗（Jean-Claude Biver）选择与谷歌、英特尔合作研发 Connected Watch 应用程序，为豪雅品牌添加了一款成功的新产品。他坦承，如果不与上述两家公司合作，豪雅不可能开发出一块令人叹服的互联网手表。

对豪雅表而言，关键问题是未来如何管理与合作数字公司的关系：要是另一家制表公司与谷歌或英特尔合作呢？这些数字巨头会仅满足于和豪雅合作吗？从逻辑上讲，它们希望扩展自己的业务范围，就像过去几十年的其他计算设备一样，这两家数字巨头希望在谷歌—英特尔平台上推出各种各样的品牌手表。因此，豪雅表打算走数字化的发展道路，即便谷歌—英特尔平台上充斥着各种其他品牌的智能手表，它也希望凭借豪雅的品牌和设计能够让豪雅表脱颖而出。这一早期举措让该公司具备了建立必要的内部数字能力，或与其他企业合作所需的洞察力，但实现这一目标的途径是转入领导者区域。

共同创建能力的现有方法可能落入这三个区域中的一个：如果这些企业不太重要，或许就属于交易区域；如果你已经主动进入数字化转型阶段，也许像通用电气的工业互联网一样，处于需求改变商业逻辑的冲突阶段，那么你或许处于领导者区域；如果你正在寻求共存关系（例如豪雅表），你就处于追随者区域。当你的焦点正好放在未来时，尤其是当你处于转型的第三阶段，即根基重塑阶段时，第四区域就变得重要起来。我们现在看第四区域。

共创区域。当你和合作伙伴齐心协力，共同创造任何单独一方无法创造的价值时，你们对彼此而言都非常重要。通过合作达到共同创造对转型第三阶段的商业根基重塑至关重要。

联想与微软的关系就十分有意思。微软首席执行官萨蒂亚·纳德拉凭借 Windows10 生态系统为公司重新注入活力。然而，微软实现这一目标与前任首席执行官比尔·盖茨构建 Windows95 生态系统时所采取的方式不同，微软现在的方式是与坚信 Windows10 操作系统未来发展前景的企业合作，共同打造新的生态系统。

从 2005 年起，联想一直在研发支持 Windows 平台的硬件设备。实际上，联想 2015 年 10 月推出 Yoga 系列个人电脑之后，Windows10 系统总负责人乔·贝尔菲奥利（Joe

Belfiore) 在其博客上写道："为了保证联想的最新产品能够充分发挥出 Windows10 系统的最大优势，我们与联想密切合作，开展了许多幕后工作。"很明显，微软希望协助联想开发出最好的设备，以实现其销售 10 亿台 Windows10 设备的目标（包括个人电脑、手持设备和可穿戴设备）。联想也希望开发出能够与用户热切期待的 Windows10 平台无缝对接的个人电脑。

到目前为止，一切都很顺利：微软和联想正在为彼此创造价值（微软的所有重要硬件合作伙伴都处于这个区域）。但是，微软也拥有与联想竞争的 Surface 品牌产品线。当微软要求联想除了销售联想品牌产品之外也能转售 Surface 产品时，联想首席运营官蒋凡可·兰奇（Gianfranco Lanci）解释说："我拒绝了微软要求转售它们产品的要求……（微软）一年多以前就提出了这个要求，当时我就说不行，我看不到任何转售竞争对手的产品的理由。"他还进一步表示，联想将微软视为"某些领域的合作伙伴"，以及"另一些领域的竞争对手"。这就是合作竞争的本质，它突出了所有企业在管理共创区域的各种关系时面临的根本冲突。

每种合作竞争关系都不一样，因为它们具有多层面性，但这类关系的共同点在于，它们都明白每一方为这种关系带来了什么和动机是什么。正如我们所看到的，苹果和三星在移动设备领域互相竞争，但在电子元件方面又彼此合作。苹果是三星最大的外部客户，三星为其提供闪存、应用存储器和显示屏等产品。同时，三星还生产 A9 芯片（基于苹果的设计），因为三星具有最高的精确度和安全性。苹果得到了一款足以保证其知识产权安全的优秀产品，而这又反过来增强了三星在品质和可靠性方面的良好声誉。同样的道理，网飞与亚马逊的网络服务系统在视频点播领域互为竞争对手，但同时又在视频数据流领域找到了合作空间。通过与亚马逊网络服务系统合作，网飞在几分钟之内就能获得数万台服务器和万兆级别的存储空间，从而有能力为订阅用户提供最好的服务。不仅如此，亚马逊网络服务作为视频数据流领域的行业领导者，其声誉也得到了大大加强。亚马逊必须保证为网飞提供最好的服务，否则它的信誉就会遭受损失。为了维护三星公司的可信度，三星的设备和电子元件业务也必须绝对保证苹果知识产权的安全。微软必须与硬件合作商通力合作，确保它们的产品将 Windows10 的优势发挥到极致，即便这些合作商在设计、特性和性能方面比微软的 Surface 电脑更胜一筹。

每种合作竞争关系存续的时间也各不相同。当然，你无法精确指出你所在的每种关系会持续多久。苹果和谷歌的关系经历了十年时间。亚马逊和网飞的关系目前似乎还处于相对稳定的状态（网飞很清楚在创建自己的视频流系统，或者和行业第二的公司合作这两者间应该如何取舍）。苹果和三星未来的关系似乎缺乏坚实基础——虽然苹果期望能够找到可靠的替代者，但至今未能如愿。时间将告诉我们苹果在找到能替代三星的可靠供应商之前要付出多少代价。为了实现合作竞争的价值最大化，微软和联想（实际上包括所有硬件合作商）在如何管理第一方（自主品牌）和第三方（支持合作商品牌）产品方面存在矛盾。在共创区域，两家公司需要彼此尊重，彼此信任，展现出更多的灵活性，少一点联合规划，多一些动态的非常规举措。

向 WPP 集团的苏铭天爵士学习

苏铭天爵士是营销传播行业领导者 WPP 集团的首席执行官。2009 年，当谷歌开始携数字广告闯入 WPP 的传统地盘时，苏铭天创造了"友敌"（Frienemy，即半敌半友）一词，用以描述那些抢占了他大量市场份额同时又推动着广告业向新的、更有利可图的方向发展的数字巨头公司。一年后，WPP 也开始将互联网视为其自身的重要战略支点，并将自有客户的约 10 亿美元资金投入谷歌，使得这个昔日对 WPP 构成威胁的科技型巨头公司摇身一变，成为自己的客户和合作伙伴，或者像苏铭天说的一个"友好的敌人"。截至 2012 年，WPP 已在谷歌的产品和服务上投入了约 20 亿美元。在谈到一部以 20 世纪 60 年代广告公司为主题的热门电视剧《广告狂人》（*Mad Men*）时，苏铭天表示，WPP 的雇员"既有数学狂人，也有广告狂人"。他继续说道："因此，我们不仅要直面宏盟（Omicom）、IPG、阳狮（Publicis）、电通（Dentsu）、哈瓦斯（Havas）、尼尔森（Nielse）、益索普（Ipsos）和 Gfk 等广告与市场调研集团的挑战，还要与谷歌、脸书、推特、苹果和亚马逊等新技术公司，以及印孚瑟斯（Infosys）、威普罗（Wipro）、埃森哲（Accenture）和德勤（Deloitte）等技术咨询公司一较高下。"

换言之，WPP 已接受数字技术，并开始认识到合作竞争的重要性。苏铭天在 2015 年时写道："就拿我们的友敌谷歌来说，在我们 2015 年的 730 亿美元总收入中，我们最大的媒体合作伙伴（谷歌）贡献了 40 亿美元。与此同时，谷歌也是我们的主要竞争对手之一。Xaxis 和 AppNexus（WPP 旗下公司）的直接竞争是谷歌和双击公司(DoubleClick)。它们是一个可怕的竞争者，通过抢食别人的午餐，有朝一日将变得异常强大。"这就是你和你所在行业已经卷入或将要卷入的多层面、多行业的共创活动。

如何设计你的制胜策略 2

前述四个区域传达出的关键信息是数字化转型三个阶段过程中能力共创的固有动态性。工业时代的公司有着清晰的角色定位，公司与公司之间的关系也建立在各方所能提供的产品或服务这个明确易懂的逻辑基础之上。当你按照数字时代的这四个区域勾画企业的未来发展图景时，你会发现情况已经发生了变化。如今，合作竞争处于最核心的位置。这正是传统企业与数字巨头、传统企业与科技型创业公司、数字巨头与创业公司之间各种关系模式交互作用影响企业构建能力的新方式。

构建和管理你的关系组合始终具有重要意义。你非常清楚地知道主要在规定的行业界定范围内制定制胜策略：订立长期合同并遵循定义清晰的供应商、竞争对手和合作伙伴的角色定位。数字化趋势改变了关系组合所处的环境：随着新技术的出现和日臻成熟，你的关系结构也在发生变化；当你作出新的选择、投资新的项目或指定新的优先事项时，你的各种关系在合作竞争四个区域中的位置也会发生改变；当你和其他企业各自制定竞争战略时，你的各种关系的相对重要性也会变化。那就让我们深入了解一下如何制定第二制胜策略吧。

列举你的能力，赢取数字化未来

现在你明白了，与过去掌握的能力相比，在一个数字化程度不断加深的世界中赢取胜利所需的商业能力是完全不同的。为了摆脱成功的陷阱，你必须选择一些特殊的能力才能取得成功。我们一个个考察三个转型阶段。你需要更好地审视和解读所在行业及其他行业的边缘实验吗？你需要构建一个更加系统化的逻辑，以便与合作伙伴共同投资和形成商业布局吗？你需要学习如何降低多个合作伙伴构成的网络中的风险吗？

此外，还需思考成为多个生态系统的重要构建者需要具备哪些条件。你将创造并掌控一个软件平台吗？你是否能够保证网络中数据的安全？你会设计出以数字技术为核心的产品吗？

你会以比过去更低的成本为客户解决问题和提供价值吗？打开思路，记下你认为在你的商业场景中重要和有价值的能力。我发现创建能力清单这个行为对于大多数管理者来说是一种释放，尤其是当商业场景涉及跨职能专家时。当所在行业进入数字化轨道，你的公司开始改变在生态系统内和生态系统之间的位置时，你就能拿出列有实现营收的关键驱动因素的清单。

确定（组织内部的）核心以及（与合作伙伴）共创的目标。第二制胜策略并不意味着你应该与外部合作伙伴一起构建所有能力。你要确定你能在公司内部做些什么，从而获得一种独特的优势，你还要确定与其他人共同创建的目标。你的内部能力越强，越有可能吸引到实力更强大的合作伙伴，越容易学习到组织内部的数字能力。看一看你在第一步中创建的能力清单，找出领导者区域（你具有控制权）和跟随者区域（让数字化合作伙伴定义演变过程）中的最佳数字化合作伙伴。有可能这两个区域中的数字化合作伙伴并非同一家公司。回想一下，在领导者区域，你掌握着控制权，合作伙伴对你的需要程度大于你需要他。分析一下确定你在这两个对照区域中能力的利弊。只要有可能，你要知道业内的传统企业如何接近同样的项目，并找到让自己企业脱颖而出的方法。无论何时何地，只要有可能，你都要找到与传统企业不一样的自我定位方法，并确定与谁建立更长久的关系。

将选中的关键能力转移到共创区域。现在，我们看看能力和关系的发展方式，评估一下要达到图 7.1 中的右上象限需要做些什么。这个区域是仅依靠自己无法获得的共创能力。

假如你是豪雅表，你能否（应该）创建一家合资企业，将你在手表设计方面的卓越能力与英特尔、谷歌的数字技术结合起来，开发出具有互联网功能的手表？如果你是菲亚特·克莱斯勒，你是否能说服谷歌，利用双方的资源共同组建一家联合实体，生产自动驾驶小型货车？如果你是李维斯，未来你是否能利用谷歌的缇花计划生产出带有嵌入式技术的无缝服装？如果你是百宝力（Babolat，制作出第一个具有采集数据和追踪运动员运动轨迹功能的网球的法国公司），你会与安德玛或拉夫·劳伦等利用可穿戴技术监控运动员健康状态的公司一起共同创造能力吗？

与任何传统企业一样，你应该考虑的是：与另外两个区域相比，如何整合自身资源并与具有卓越数字能力的合作伙伴开展合作，在共创区域创造价值。

当我在研讨会或教育课程上要求管理者想出一个排在他们清单前列的共创合作关系时，大多数人都会热切地建议与一两家像谷歌、苹果、脸书、亚马逊或 IBM 一样的数字巨头等组建合资企业。"他们为什么要与你合作？""你能为你们的合作关系贡献什么独特价值，而这种价值是他们无处可寻的？"面对这样的提问，他们的激昂情绪很快就消失殆尽。换句话说，共创就是把互相依赖的原理与逻辑，和对互补专业领域的尊敬结合起来。我们前面提到的 IBM 和苹果就是一种具有高度互相依存性和互补性的结合。

管理核心能力的动态变化。这种分析的本质是对动态的思考。数字化方案的重要性和影响力会发生变化，部分原因在于你本身的优先级和偏好也在不断变化，另外还有竞争行为、不断成熟的功能和商品化程度的原因。十年前，移动互联网处于成长阶段；五年前，社交网络处于成长阶段；今天，智能家居技术和物联网正在蓬勃发展，而移动互联网和社交网络则显露出成熟的迹象。正如重整数字功能是数字化商业转型的固有特征一样，在平衡短期和长期要求的过程中，你应该如何重整你的合作竞争方案？尝试了解合作伙伴并重新定位你们的共创关系的原因：虽然你可能希望维持现有关系，但你的合作伙伴在追求自身数字化目标时，可能希望将这种关系转移到其他区域。

别忘了，数字化商业转型取决于规模、范围和速度之间的关系，也就是说动态演变隐藏在你成功的背后，但对你的成功至关重要。你可能十分适应同行业内的转型速度，但数字化转型的速度更快也更加猛烈。这不是为胆小者准备的游戏。未来，数字化商业生态系统的外形与结构的变化将加快。这不仅会影响到你在何处加入生态系统，以及何时开始构建生态系统，还会极大地改变你在这些生态系统中的关系的本质。对于你的第二制胜策略来说，重要的是知道何时进行交易、何时扮演领导者、何时扮演追随者，以及何时准备与人合作共创能力。

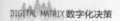

目前，一个新兴的、极其不稳定的动态区域涉及人与机器的互动方式，以及这种关系的未来演变方式。这片全新的疆域或许会为你提供构建不同生态系统的新方式，以及在生态系统内共创能力的新途径。这是一个充满挑战和争议的领域，但是了解这种特殊关系就能形成第三种制胜策略。

第 8 章
制胜策略 3：利用强大的机器放大你的才能

　　象棋可能是公元 6 世纪左右起源于印度的一种古老的策略游戏。《危险边缘》是好莱坞制片公司于 1964 年针对电视观众构思的一款益智类游戏。这两种游戏能为数字化商业战略的制胜之道带来什么启示吗？乍一看，这两种游戏似乎没有任何相同之处，一个是与战争和制胜有关的技术、战术演习游戏，另一个则是常识测试游戏。

　　此外，它们与商业似乎也没有什么关系——只不过象棋游戏中要想出许多连续招数来对付强大对手。但两种游戏都与数字化转型有关，与 IBM 及强大的计算机器有关。我们还能从这两种游戏中看出聪明的人类和强大的机器如何交互，以及人和机器如何互相强化从而创造出仅靠一方无法获得的新能力。它们教会我们如何开发出针对未来数字化商业的第三种制胜策略。

计算机技术和人工智能是"信号",而非"噪音"

直到最近,人们依然普遍认为,随便一台普通的计算机就能在象棋比赛中战胜大多数的人类,但永远也无法战胜最优秀的象棋大师。1996 年,IBM 公司的"深蓝"计算机在一场比赛中战胜了国际象棋大师加里·卡斯帕罗夫(Gary Kasparov),但这场系列赛的获胜者还是卡斯帕罗夫。紧接着在 1997 年 5 月 11 日,IBM 的计算机在一轮六场比赛的系列赛中全部完胜卡斯帕罗夫。这标志着一个转折点的到来:1997 年,计算机向人类发出了挑战。

IBM 对其在人工智能和认知计算领域的实验进展并不满足。大多数人都认为,即便计算机能够快速地找到问题的答案(例如谷歌或其他类似的搜索引擎),但它们无法完成从答案出发,到围绕该答案构建问题的过程。我们假定人类在通过复杂路径进行认知推理(Reason)方面具有天然的优势和速度。此外,即便计算机的推理速度比人类快,它也无法战胜《危险边缘》游戏中最优秀的人类选手。然而,这一信念在 2011 年 2 月被打破了。这一年,IBM 的沃森计算机系统有史以来第一次在《危险边缘》游戏中与两位最优秀的人类玩家肯·詹宁斯(Ken Jennings)和布拉德·鲁特尔(Brad Rutter)同场对决并取胜。

从 1996 年左右到 2016 年,在 IBM"深蓝"战胜象棋大师卡斯帕罗夫和"沃森"完胜两名《危险边缘》游戏冠军的背后,只有机器学习和人工智能领域的专业人士了解计算机技术方面的技术进展。这并非什么机密的信息，但要了解计算机可持续的进步需要具备很高的学历，理解其对企业的意义也需要具备结合了科技知识与商业头脑的专业背景。对于大多数行业的大部分管理者而言，这些探索属于计算机领域的边缘实验，被大多数人视为未来事物的"噪音"，而非"信号"。

2016年，人工智能和认知计算已经成为主流，部分原因在于IBM创建了一个部门，实现了以人工智能、数据分析和云计算为核心的IBM沃森技术的商业化。下一阶段，IBM将从一家提供计算机产品与服务的工业时代企业，转型为一家以解决关键问题为中心的数字巨头企业。作为业务重塑的一部分，IBM表示其有意为医疗保健、财务处理和客户服务等三大领域内的企业提供帮助。计算机已经从一种实现自动化和重新设计乏味任务的高效工具变成了复杂的推理机器。这正是需要引起你注意的原因。

想想看，计算机技术和人工智能能够让你解决复杂问题，为你的客户创造新的价值，或许你还能够利用强大的机器放大你的行业知识，构建某种生态系统，或与他人在生态系统的内容里共创新的子系统。我们应该如何利用强大的机器重塑企业，实现组织和工作逻辑的转型？换句话说：

▲ 如何让人工智能了解你的战略决策并为你提供指导？

▲ 将计算机视为具有推理能力的，更为智能的信息和知识处理器，将如何改变企业内的任务设计方式？

▲ 将各种机器置于价值创造的中心，会对你的雇员推进下一代机器设计的前沿技术带来何种影响？

重新建立你对工作的理解

认知计算的核心，或者说在 IBM 的沃森计算机系统"大脑"内部藏有成百上千条分析方法，它们可以对自然语言和文本进行分析，有着在分秒间理解海量复杂信息所需的知识和推理能力，基于证据和信心对答案（假设）进行排序，同时还从各种错误中吸取教训。用 IBM 的话说："有了沃森，每一件产品和每一个流程都能具备理解、推理与学习的能力。"

一个由三部分所组成的问题有助于你思考各种可能性。

1. IBM 的沃森会取代你的工作吗？

你可能会想：

"计算机无法胜任我的工作。"

"我的工作涉及复杂的协调能力，计算机做不了这样的事情。"

"我的工作基于行业内多年的工作经验和长期的公司历史，计算机无法复制这一过程。"

190

与许多企业高管一样，你或许认为自动化只适用于一些日常的行政管理工作，但无法承担你所做的这类战略思考、规划和协调性工作。不管怎么说，多年来我们一直在利用计算机软件和一些专门化的应用程序实现客户支持、工资核算或人力资源等工作的自动化。但是，在可实现自动化的工作岗位和不可实现自动化的工作岗位之间并不存在明显的界限。癌症治疗不是常规性工作，抵押手续办理和保险建模也不是常规性工作，但 IBM 的沃森已经对这些领域给予了关注。今天的边缘实验很快就将成为主流，这其中就包括计算机能够明白你和你所有员工所从事的工作。

2．IBM 沃森在哪些方面比你做得更好？

这个问题并不表示沃森将取代你的全部工作，而是说功能强大的计算机能为你提供哪些支持，从而成为你的智能助手。

你的工作中有哪些乏味枯燥的内容可以交给沃森做？

智能化机器能够如何帮助你简化或重新设计关键任务和工作流程，与数字化竞争对手展开竞争？

智能计算机如何帮助你规划几种长期战略和投资决策的各种可能结果？

你或许想知道认知计算技术是否已足够成熟，足以处理如此多的不同变量，包括你过去的企业知识储备库。问题并不在于这种技术是否成熟，而在于何时使用这种技术。如果你尚未开始考虑认知计算重塑任务和活动的方式，你的竞争对手就会采纳这项技术，并在你之前从中受益。

我们不是在讨论和机器赛跑，而是利用认知计算技术超越行业内的其他企业。如果你继续用人工完成那些本来用计算机可以做得更好，甚至你的竞争对手已经在用机器完成的工作，那你已经落后了。请记住，数字巨头将计算技术置于核心位置。作为一家解决方案公司，为什么你不利用强大的机器指导自身的重塑过程呢？

3. 你应该如何重新设计你的工作，以便发挥 IBM 沃森的作用？

这不是要将 IBM 沃森叠加到你的现有流程上。你希望向后退一步，跨越功能，甚至跨越组织结构和公司的不同层级来设计工作，以便利用认知计算的优势。举例来说，假设某种机器能够比普通医生更好地做出某种合理诊断，或许就应让机器和护师来执行这一任务，将医生资源解放出来，让他们把时间用在能够创造更大价值的地方，例如了解患者的情感状态或者标准医疗记录无法量化和获取的其他属性上。作为领导者，你无须了解认知计算的细节，或许你也不知道沃森的大脑内部工作原理，但你希望利用它创建一个高效、创新和敏捷的工作环境，机器和人类在这个环境中能够彼此合作，共同为价值创造和价值捕获作出贡献。

此外，你还想知道机器如何帮助你和你的员工学习、加工处理，以及就你的行为作出决定。换句话说，你希望让聪明的人类和"强大"的机器（我要强调的还有前文提到的谷歌DeepMind 和其他商业机器）共同创造价值，而这种价值创造单凭一方面的力量无法实现。

正如微软首席执行官萨蒂亚·纳德拉所说："计算机或许会在各种游戏中赢得胜利，但想想看，如果人类和机器能够合作解决最重大的社会挑战，例如战胜疾病、无知和贫穷……这个世界会变成什么样子。在追逐人工智能的过程中，未来最重要的一步是在设计人工智能的伦理和情感框架上达成一致。"

我们处在一次重大转变的风口。在这个转变过程中，强大的机器将会形成许多行业或者人类社会的基础，过去关联度不高的各种概念，例如机器学习、大数据、神经网络、人工智能和机器人技术等正以具体的方式聚合在一起，为人类提供新的能力。

Alphabet、亚马逊、微软和 IBM 等数字巨头已经看到了将这些过去联系松散的计算机基础结合起来的威力，优步、帕兰提尔技术公司、特斯拉和爱彼迎等科技型创业公司正在将算法和分析学作为它们的业务核心。

你能否在未来的数字时代获得成功，取决于你是否能够领会这个强大机器构成的系统的核心作用，将它们变成你的核心商业战略和组织架构的驱动器。

利用强大的机器创造新价值和新能力

2011 年，IBM 沃森凭借一项技能在《危险边缘》游戏中大获全胜：用一组专门技术去理解和回答问题并作出回应的能力。通过云计算提供的应用程序界面，如今的 IBM 沃森已经具备了包括问答能力在内的大约 30 项新技能，其自然语言的范围也从英语扩大到日语、西班牙语和阿拉伯语。不仅如此，IBM"沃森"的生态系统还在快速成长——500 多家科技型创业公司正在构建各种应用程序和解决方案。作为其重塑核心业务的关键部分，IBM 正在收购大量公司以支持其生态系统的成长。

当然，我在前文中提出的三部分问题不只针对 IBM 沃森和你的工作。它只是一个透镜（当然是质量上乘、清晰度高的透镜），用来帮助你从三个方面认清这个由强大技术所构成的系统对各类组织的影响：

1. 哪些任务应该被自动化，对人类的干预需求最少？

2. 哪些流程可以利用智能助手来增强？

3. 哪些工作可以通过人机之间的积极互动得以放大？

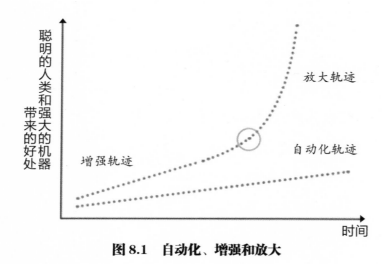

图8.1 自动化、增强和放大

我们不能简单地说所有的"蓝领"工作都应该被自动化，而所有"白领"工作则无需被自动化。这种职业类型的划分来自于工业时代，是根据生产任务和管理任务的不同对工作和工人进行的分类。但我们都知道，由于计算机技术的出现，许多所谓的白领管理工作，例如生产规划、质量控制、开票记账、订单处理、客户服务、会计、法律合规、贷款发放等，都已经实现了自动化。

因此，我们要谈论的不是观察工业时代的职业分类，然后将这个强大的技术体系用到这些职业类别上。制胜策略要求我们对传统的工作设计模式进行反思，这种反思不限于某些人、某些职能部门或某些场景，而是全局性的。

云机器人技术：自动化浪潮

在第 1 章中，我们谈论了你的企业处于规模、范围和速度三者的交叉点，这使得数字时代中任务的复杂程度远超工业时代。现在让我们来看一些案例：

▲ 每时每刻为每块显示屏的视频流全球订阅用户进行节目内容推荐。

▲ 针对数亿次跨设备、跨地区和跨时间的日常交互活动，在搜索查询中投放广告。

▲ 监控飞行过程中每架飞机的发动机，然后在不牺牲安全性和保证效率最大化的同时开展所需的维修作业。

▲ 跟踪公路上行驶的每一辆汽车，实时监控其性能。

如果没有我们现在正在使用的这些强大机器，上述任务是不可能完成的（或者在最坏的情况下，是低效和无效的）。这就是为什么网飞、谷歌、通用电气和特斯拉正利用这些技术以近乎全自动的方式开展上述任务的原因。下一代"云机器人技术"（谷歌前雇员詹姆斯·库夫纳于 2010 年创造了这个词）将不再受限于内存大小或自身的数据计算能力，云机器人"依靠来自网络的数据或代码支持自身的运转"。不论你从事哪个行业，你所开展的大多数任务都将实现全自动化，即便现在还做不到，不久的将来也会实现。

研究已经证明，高达47%的传统职位面临着被取代的危险，因为计算机将承担那些自动化的工作。但请别忘记，使用功能强大的计算机并不意味着公司员工数量的减少，它关乎的是竞争效率和竞争有效性。如果你比竞争对手更快地实现自动化，如果你的企业自动化程度更高，你就具备了某种竞争优势。当市场的变化呈现为线性发展时，落后于人是一件很糟糕的事情，如果市场呈指数变化，问题就更加严重了。再次提醒，自动化意味着将员工解放出来，让他们去从事能为客户创造更大价值的工作。

利用算法和分析行为增强决策力

虽然自动化是一个有用的框架，但如果强大的技术会增值或增强你的任务呢？我们来思考以下例子：

> 通过分析成功与不足之处确定下一季度的改进方法，针对业务运营情况撰写季度管理报告。
>
> 通过审查以前的专利申请，并准确地表明拟申请专利的构建基础及其与既有专利的不同之处，从而提出新的专利申请，并最大限度地提高专利申请的通过率。
>
> 进行癌症的一级诊断。
>
> 基于用户以往观影时所形成的习惯，再进行各种可能的

预测，最后，评估购买新电视剧的报价。

从表面上看，上述任务似乎无法完全实现自动化，但我们完全可以用当前的基础增强这些任务。在多项试点项目中，IBM 的"沃森"、威普罗的"福尔摩斯"与叙事科学软件（Narrative Science）的"Quill"已经在对数据进行筛选，然后提取出关键数字，计算关键比率，并用一种对比格式将它们标示出来，从而形成季度报告的初稿。如果你最近阅读过《福布斯》杂志网站上的一则财经新闻报道，但没有读完整篇文章，你或许错过了这样一条消息：叙事科学软件利用其专有人工智能平台将数据转换成文章和见解。

简而言之，这篇报道是由机器人撰写的。假如你同意将这种强大的技术用于新闻撰写，这会对你的员工造成什么影响？有多少人需要重新接受教育，以便与这类机器共事？未来你的员工需要具备哪些技能组合？

在一项试点项目中，美国德州大学安德森癌症中心的医生一直在用 IBM 沃森驱动一款名为"肿瘤学专家顾问"（OEA）的软件。该系统可以通过多种数字编码方式收集结构化和非结构化数据（例如有关乳腺癌或肺癌治疗的已发表文献），然后对信息的相关性和准确度进行验证，剔除那些具有误导性、不准确或可信度较低的数据。这一软件工具部分是通过相关信息和科学研究持续更新的即时参考指南，部分是培训临床医生的虚拟专家顾问。内科医生或其他主治医生可以从各种推荐治疗方案中选择一种最适合患者的方案。一旦这个试点项目获得成功，高层管理者将要决定是让医生与沃森继续合作对患者进行诊断，还是将组织的工作重心转向以数字技术为核心，这将对组织设计的许多方面产生后续影响。

网飞的首席执行官里德·哈斯廷斯在参与《纸牌屋》的竞价和制作《女子监狱》前利用强大的机器查询数据、评估风险并了解用户的观影模式。这一行为遵循了上述做法，即用算法和分析行为增强决策力，同时也是网飞公司比传统电视与媒体公司更具优势，并能够构建多个自己的生态系统的完美例证。

放大企业效应的原则：互补性和奇异性

强大的机器与聪明的人类合作，共同扩大各种创意的规模和范围，从而实现真正的价值创造。这是你的企业应该给予重视的方面，也是你的思维循环真正的用武之处。放大效应取决于两个原则：互补性（Complementarity）和奇异性（Singularity）。

> 互补性决定了机器在哪些领域超越人类，创建治理规则和工作条件，带来最佳综合产出，实现生产效率的提升。
>
> 奇异性希望智能计算机（计算机网络或机器人）具备递归的自我完善能力（渐进地对自我进行重新设计），或自动创建更加智能、更加强大的机器的能力。

　　换句话说，互补性原则关乎当下，奇异性原则关乎未来，两者共同发力。为什么这一点很重要？这对于你和你的企业意味着什么？基本前提是工作设计不是静态的。随着这些技术需要的技能越多和变得越来越强大，它们将会改变工作的性质，以及我们与技术的关系，也就是说你必须建立灵活的工作流程，吸引敏捷的员工。更重要的是，随着数字化程度的加深，它们改变了组织的核心人才库。

　　你可能认为安德玛是一家生产运动鞋和服装的公司，但这家企业还雇用了300多名软件编程人员。

　　你或许把通用电气看成一家电力公司、能源企业或者飞机发动机企业，但它的员工花名册上还有1400多名程序员，它们为通用电气的软件与算法实验提供支持。

　　孟山都是一家农业企业，但它的战略重点更倾向于利用大数据和分析学实现产量最大化（远不止种子的基因修复），同时它还拥有一个大约500名工程师的团队。

　　全球主要汽车制造商均在硅谷设立了前哨机构，以吸引汽车硬件、软件和分析学等交叉领域的顶级人才。

　　正是因为存在对工程师、科学家和数据科学家、计算机编程人员的需求，美国劳工部2015年末宣布，美国的职位缺口数量超过500万个（主要是技术短缺所导致）。

　　因此，如果你想充分利用机器和人力资源加速价值创造与价值捕获的放大效应，就必须营造一种对未来优秀人才具有吸引力的环境。这是一种怎样的环境呢？在这种工作环境中，员工可以学到人机协作的前沿知识；软件、数据分析和算法可以用来简化各种决策。目前的机器还无法替代员工完成任务，员工可以运用它们的技能与机器合作，共同解决人类在能源、医疗、空间探索、运输与拥挤、气候变化等方面所面临的重大挑战。

你的公司能做到这些吗？你的公司能够吸引到最优秀的人才吗？你的公司允许员工施展它们最好的想法吗？你的企业讨论的话题是自动化、人员编制和管理问题，还是有关放大效应和吸引优秀人才解决世界级难题的话题？

机器人将重新定义工作的本质

人工通用智能（Artificial General Intelligence）是一个新兴的研究领域，其目标在于创建出智能水平堪比人类的灵活且具有适应能力的机器。人工通用智能与知觉、感觉、智慧和自我意识等人类所具有的特质有关。所有数字巨头企业都处在认知计算机器的早期开发阶段。当然，这其中就包括 IBM 的沃森及其印度竞争对手威普罗公司的福尔摩斯——这是一个非常讨巧的名字。虽然"沃森"（这是 IBM 创始人的名字）和"福尔摩斯"让我们联想到华生医生和大侦探夏洛克·福尔摩斯的形象，但这两家公司之间并没有开展合作。

实际上，它们与包括微软的智能语音助手科塔娜、亚马逊的 Alexa、脸书的虚拟助手 M、苹果的语音助手 Siri 和 Google

Assistant 等产品是彼此竞争的关系。

那么我们要如何看待这类强大机器呢？我喜欢斯坦福大学法律信息学学者杰瑞·卡普兰（Jerry Kaplan）提出的一种区分标准：合成智能与仿真工人。卡普兰认为："合成智能并不是用传统意义上的编程方式编写。你用不断增加的工具和模块将合成智能拼凑起来，将它们指向一组案例，将它们激活。"沃森及与其类似的系统就属于这一类机器。IBM 的"沃森健康"生态系统中包括多家健康与生命科学公司，例如美敦力（Medtronic）、纪念斯隆—凯特琳癌症中心（Memorial Sloan Kettering Cancer Center）、CVS Health、德州大学安德森癌症中心等。

因此，知识与信息的范围并不局限于各个组织内部，而是在组织之间共享的，从而能够建立起充满活力的共创关系。合成智能是各个金融市场交易活动的基础，同时承担着空中交通指挥、智能电话和移动通信网络运行，以及核设施安全管理的职责。合成智能是无形的，它们是构成基础设施的组成部分，因而我们将其视为理所当然。

与此相反，仿真工人是传感器与驱动器结合的产物。它们具有视觉、听觉和触觉，还能够与环境进行互动。一旦将它们捆绑在一起，就可以把这些系统看成"机器人"，但不一定要将它们放进一个物理包中。多年来，机器人被视为具有实验目的的趣味玩具。随后 iRobot 等公司推出了真空吸尘机器人 Roomba、拖地机器人 Braava、泳池清洁机器人 Mirra 和水沟清洁机器人 Looj。如今的机器人已不再是没有名字、没有面孔的劳动者。位于波士顿的再思考机器人公司（Rethink Robotics）推出的新型机器人（即仿真工人）不仅有鼻子有眼睛，还有自己的名字（Baxter、Sawyer 等）。我对这些机器人的强大功能和易于编程的特点印象深刻。它们与上一代机器人的不同之处在于，这些机器人都是通用型的，而且可以与人类合作。换句话说，人类对它们进行编程（对它们传授技能），它们与人类并肩作战。于是，它们成为人类在实现工作自动化、增强工作范围和提升工作效率过程中的强大帮手。

人类发明的第一批计算机属于专门化机器，它们是针对特定任务而设计的自定义代码，例如美国航空航天局（NASA）的宇宙飞船、主要汽车制造商的自动化控制，或者家庭用户的文字处理程序。同样的，机器人也是针对特定应用场景而定制化设计的，例如自动化生产线、矿坑、农场、仓库和海运码头等。当这一代机器逐渐发展为通用型个人计算机、平板电脑、手机和智能手表以后，它们的功能将变得更加强大，为我们提供了各种可供选择的应用程序。我们用同样的方式创造了通用型机器人，几乎所有人都能够轻松地对其进行编程，让它们执行各种任务。将这些机器人联入网络也只是时间问题。机器人的这种自适应性使其能够在各种应用场景中发挥作用。

目前，协作型机器人已经开始和人类一起合作完成生产任务或者在仓库中工作了。它们带来了新的一轮自动化浪潮，这将改变制造商优化运营和提升效率的方式。

随着人类与机器人合作程度的不断加深，这些先进的机器人将会重新定义工作的本质。这类合作一开始还具有边缘实验的性质，但很快就会成为主流，因为它们可以提高生产效率，提升工作场所的安全性，创造出一个以数据和分析学为核心的更加智能的工作环境。

在某些工作中，例如航班座位定价、优步的峰时定价、数字图像中的人脸识别，或为不同土质的葡萄园选择最适合的农药，机器人与人类的对比为我们提供了一些具有挑战性的商业案例。事实证明，我们可以提供一些协作型的工作场所，让人类与机器可以彼此共存，互相合作，共同完成任务。

合力使用"深度学习 + 神经网络 + 增强学习"

数字化公司能够取得成功的原因在于它们从事的是人机互动前沿领域的工作。它们善于将那些适合自动化的工作变得自动化，若非这样，它们就会变得低效。

此外，数字化公司还力图增加那些适合用机器充当智能个人助手的任务（例如 IBM 将沃森用于癌症治疗中心），因为不这么做它们就无处可用。最重要的是，当数字化企业跳出自动化和增大效应的视野，设计出能够推动企业设置方式的流程时，它们就赢得了胜利。数字化企业将最优秀的人才吸引过来，为他们提供能够创造出巨量效益的机器。如果增强效应是加法，那么放大效应就是乘法。

想一想机器学习、无人机、机器人、神经网络、大数据、分析学、认知系统及算法等强大的机械指令。与世界上第一台个人计算机内的英特尔芯片一样，它们还处于初期发展阶段，与第一代摩托罗拉手机一样，存在着漏洞和不兼容性，功能也十分有限。总之，这些技术才刚刚起步。但是某一项技术的进步将会推动其他技术的发展，它们不是各自独立的，而是彼此依赖。它们以指数级速度增长，而这种速度是数字化公司有能力掌握的。作为一家传统企业，你所面临的挑战是关注各种技术进步，更加迅速地实现转型，紧跟时代的步伐。

我在本章开篇提出了一个问题：关于数字化商业战略的制胜之道，国际象棋和《危险边缘》游戏可以给我们带来什么启示？在 1994 年以前举行的人机象棋大战中，国际象棋大师通常都是获胜的一方，但到了 1996 年，比赛结果却发生了根本性的逆转。到底发生了什么？一场任何人在其他人或计算机的帮助下都能参与的自由式象棋锦标赛或许能够为我们提供一些思考。

在比赛的开始阶段，人 + 机器组合的表现好于最强大的象棋超级计算机"Hydra"。国际象棋大师加里·卡斯帕罗夫在2010 年时评论道："人类的战略指导与计算机的战术行动所形成的合力是不可战胜的。"然而，这次锦标赛的冠军却意外地落入了一对澳大利亚业余棋手的囊中。他们在比赛中同时借助了三台计算机的帮助。按照卡斯帕罗夫的说法："他们精于操纵和

'指导'他们的计算机深入研究形势，有效化解了身为象棋大师的对手的高超布局和其他参与者强大的计算能力。弱小的人类选手＋机器＋先进的流程比单独一台强大的计算机更具优势，甚至比人类象棋高手＋机器＋落后的流程这一组合还要强大。"

国际象棋和计算机让我们开始了解人机组合在为组织流程提供支持时所发挥的互补性。但是由于在我们所设计的组织体系中，人类的能力水平各有高低，目标也非常松散，因此我们还有很长的路要走。有一个思想学派认为人类作为设计师、教练和战略家的作用举足轻重；另一个学派则认为机器自己也可以像战略家一样自我学习和行使职责。

最近，Alphabet 在实验中让 DeepMind 计算机与世界围棋冠军李世石（Lee Se-dol）对弈就是一个证明。阿尔法围棋（AlphaGo）是一个针对围棋比赛开发的计算机程序，按照该项目联合创始人杰米斯·哈萨比斯（Demis Hassabis）的说法，DeepMind 依靠深度学习、神经网络和增强学习所产生的合力，通过反复试错来学习，逐步进步并从你所犯的错误中总结经验，然后改善决策质量。这也就是说，这个程序可以将自己一分为二，自己跟自己进行数百万场对弈，而且还能从每一次胜利和失败中学习经验。该系统在 24 小时内完成的棋局可以超过 100 万盘，比一个人一辈子完成的棋局数还要多！这就是计算机惊人的放大能力。

与 IBM 的沃森一样，DeepMind 也想解决一个重大的难题，

谷歌研发的阿尔法围棋程序（AlphaGo，俗称阿尔法狗）对战世界围棋冠军、职业九段选手李世石

那就是了解人类的智能。因此，从这一系列围棋棋局中获得的知识为许多行业提供了有用的见解。不久的将来，上面两个学派的观点将会同时存在。

二十年的时间里，作为各自所在领域的大师级人物，加里·卡斯帕罗夫、肯·詹宁斯（Ken Jennings）、布拉德·鲁特（Brad Rutter）和李世石纷纷在与强大机器的对战中败北。虽然这打击了大师们的自尊，但我们看到了比赛之外的众多技术领域的未来潜力。在打造强大机器的过程中，IBM（"深蓝"和"沃森"）和Alphabet（DeepMind）的视野和野心绝不是只为了赢得几场比赛。

2016年1月26日，马克·扎克伯格在脸书上发帖称，他的人工智能专家团队即将在围棋这种古老的博弈游戏中赢得胜利，但获得第一场胜利的是Alphabet团队。很显然，数字巨头们正在争做人工智能的第一人。为什么人工智能那么重要？

首先，当你在自己所在生态系统，以及跨生态系统开展业务时，数字巨头会针对你的数字化商业战略同时提供支持和发起挑战。

其次，数字巨头热衷于扩大它们的影响范围，因此会利用软件开发工具包和应用程序界面向你及其他传统企业提供可用的程序。放大人类能力的过程才刚刚开始，未来的任务和价值创造并不仅仅是将技术与旧有工作方式进行叠加，而是用计算机科学对工作进行根本性的重塑。

如何设计你的组织体系

与大多数传统企业一样，你可能用了太多时间思考组织设计的问题，借助各种组织学和社会心理学理论思考组织的结构、流程、作用、技能和关系等问题。要想在数字时代立于不败之地，你必须开始像数字巨头和创新者一样思考问题，欣然拥抱计算机技术，把它看成组织发展的驱动力量。你的技术升级计划中可能包括人工智能，但利用机器放大人类的能力也必须是你商业计划的一部分。

现在，要从人机组合的角度建立你的组织体系，同时还要研究你必须掌握的关键技能。如何做到这一点？

将你的组织分成三个集群——自动化集群、增强集群和放大集群。 在你的组织和你的重要合作伙伴所开展的业务中，哪些可以利用现有技术，以及在某种程度上已经得到验证的技术来实现自动化？

例如，机器人目前正在被广泛应用，而且使用成本与以前相比也大大降低了，利用一台再思考机器人公司生产的价值25 000美元的Baxter协作机器人来帮助你的组织实现任务自动化，这会改变你的经济状况吗？让生态系统中的其他合作者也用上这种机器人，这会改变你与他们的合作关系并让你获得一种竞争优势吗？

我们还可以用同样的思路来观察增强集群。与叙事科学软件、IBM 或威普罗这类企业开展联合技术行动能够把你的专业人才从无聊的工作中解脱出来，让他们专注于价值更大的创新和再创造领域吗？然后，我们还要确定哪些领域属于放大集群的前沿阵地——这些领域可能并不那么明显可见，因为我们还处于实验的早期阶段。建议你与来自不同职能部门的一群高层领导者一道做这件事情，因为这三个区域可能不会恰好位于预先设立好的，以职能进行划分的组织责任中。想办法通过应用程序界面，用那些已经公开的功能使用沃森、Siri 和 Alexa 提供的服务。

观察一下其他行业和场景，你或许就能够确定在哪些领域，以及哪个阶段可以将放大作用作为你的业务核心。如果你在酒店行业，或许你很少会去想如何通过区块链技术来实现自动化。但实际上就在 2016 年 4 月，爱彼迎收编了一家名为"ChnageCoin"的科技创业公司的区块链专家团队，这件事应该给你敲响了警钟。如果你尝试着打破行业界限组建创新联盟，并不一定要把新兴人才都吸纳到自己的公司里来。

对比你的三大集群与行业内的传统企业和数字化公司。基于可用的数据，制定一个高于业内同行的标准。如果对比一下不同区域（仓库、零售商店、客户支持、呼叫中心、分析部门等）的员工数量，即便粗放的措施也是能够提供深刻见解的。然后再看看招聘模式、技能概述，以及成立合资企业、开展收购或建立联盟的公告等其他战略行动。通用电气在设计它的数字化业务时只以谷歌、亚马逊和脸书为基准，它招聘的人才也能够胜任任何一家数字巨头企业的工作。通用电气的目标人人皆知，那就是成为全球排名前十的软件公司，进入数字巨头的阵营。

在自动化集群中，你应该与"业内最优秀的企业"对标，因为这种对比更加直接，也更有意义；在增强集群中，你应该以"业内最优秀的品牌"为比较对象，以此了解如何与他们一争高下，找到完成具体工作和任务的最佳方法；在放大集群中，你要不断扩大比较的范围，不断地将边界往前推进。在将人类与机器的力量和潜能相结合方面，你是与业内传统企业和数字巨头齐头并进，还是已经落后于人？

完善和修订三大集群。你最初的工作分类和任务分类只是一个起点。当你深入了解到人机领域自动化、增强和放大的边界时，你会发现我们刚刚进入早期发展阶段。较早接受 IBM 沃森与其他技术的人很清楚完全将这些功能移植到它们的企业中还需要做些什么。我们也很清楚，随着时间的推移，现有组织也会提升它们的能力以吸收这些创新技术。由于新技术进一步重新定义了这三个领域，你需要重新评估工作分类和人才需求。

为了在麻省理工学院斯隆管理学院教授埃里克·布林约尔松（Erik Brynjolfsson）和安德鲁·麦卡菲（Andrew McAfee）称之为"第二机器时代"的前沿领域赢得胜利，你必须充分了解所需人才的状况和构成，这是你的组织面临的最大挑战。因此，在我看来，第三个制胜策略把数字化战略议程直接放在了高层管理者和董事会的层面上。

重构你的人才结构。人＋机器组合是一个前沿领域，而且这种情况将持续相当长时间。现在的不同之处在于，机器的发展速度已经超过了人的速度。

因此，首先你要让你的人力资源部门参与进来，帮助你设计一个能让机器增强和放大人类潜能的组织；其次，你必须认识到你是在与数字巨头和技术创业公司争夺人才。宝洁、欧莱雅和联合利华等公司的员工似乎正在逐渐流失，他们纷纷加入亚马逊、脸书和谷歌等数字巨头公司。这种人才流动似乎与收入的关系不大，更重要的是创建一家企业，让你的员工能够提出并解决各种重大问题。

数字巨头公司认为它们的人力资源遵循幂律分布法则（也被称为长尾理论）：在员工队伍中占一小部分（通常不到 10%）的超级人才明星或超级执行者创造的产出和价值是普通员工的 8～10 倍；能力在可接受水平，表现良好的各类员工占的比例最大（60%～70%）；剩下的一部分为表现差劲，能力不可接受的员工（15% 左右）。

作为谷歌的人力资源负责人，拉斯洛·波克（Laszlo Bock）认为："任何岗位级别的报酬变化范围大多处于 300%～500%，即便如此，还是会出现一些超出范围的极端例子。"

在我看来，Alphabet 就是一个人才的聚集地，它的组织结构就是围绕吸引、培养和留住企业内的超级人才而设计的。与此相反，传统企业认为，考虑到正态分布的因素，员工绩效在平均值60% ~ 80% 的范围内波动。为什么幂律分布法则如此重要呢？这表示数字巨头企业愿意为人才承担更多风险，就像风险投资人时刻准备着为这些超级人才明星提供支持一样。

最后，用强大的智能机器放大人才的力量，在自动化、增强和放大三个集群中获得你所需要的人才数量和类型，同时还要明白，这种相对的组合在未来十年里会发生变化。你与数字巨头的互动在增强和放大效应的领域很可能还会加强。在未来的数字化时代，你是否成功或许会更多地取决于已有的人力资源实践，而不是你的技术架构。

三大制胜策略保驾数字化转型

我仔细选择了这三个制胜策略，而非列出一个长长的行动清单，覆盖到几乎所有高水平管理方式的精髓。我只选择了三种策略，我认为它们不仅在数字化转型过程中非常重要，而且在新出版的管理书籍中并未获得足够的关注。这些策略之间的相关性体现在你转型的三个阶段中如何连贯地使用它们。

第一个制胜策略打破了传统的垂直行业边界，重新建构了价值创造和价值捕获的空间，鼓励你在更深的程度、更广的范围内寻求重塑企业的机会。为了可靠地解决行业边界交叉领域的各种问题，以及横亘在行业之间的无效领域，你必须在各个生态系统中保持存在感。不仅如此，要在这些生态系统中获得成功，你还必须谨慎地决定在哪些生态系统中充当构建者或参与者，以及如何随着时间推移改变自己的角色。这样你就能够接触到更多商业模式——不仅有传统产品和服务，还有更新颖的平台和解决方案。这些商业模式有助于你与其他公司合作，从而更加深入地了解你的客户，以合理的价格为他们提供个性化的产品与服务。

第二个制胜策略是关于领域选择（哪个生态系统）、实施方式（充当构建者还是参与者），以及与谁合作（具体的合作关系和联盟伙伴）以共建能力与价值的问题。尤其是在重资产行业，要获得行业知识、生产和分销的渠道，以及实物资产，数字巨头企业必须与传统企业合作。

第三个制胜策略是组织架构的设计，这种组织架构可以塑造和支持你的商业架构，尤其是在传统工业界限的定义已经无关紧要的数字化转型第三阶段。这将反映出你在不同生态系统中的地位，以及你在不同生态系统中共同创造价值的方式。

第二和第三个制胜策略之间的关系是利用机器人和人工智能增强和放大人才的力量，建立并维持差异化能力。这种能力不仅能确保你不被数字化时代抛弃，还能引来一起共创价值的合作伙伴。由此看来，数字化时代的组织逻辑是你利用聪明的人类和强大的机器进行前沿领域创新的能力。

不论在外部的生态系统之间，还是在组织内部，这三种制胜策略都互相联系。在我看来，这些策略目前并未得到足够重视，但未来一定会获得应有的地位。在思考第 9 章中谈及的自适应逻辑时，请将这些策略牢记于心，并在阅读第 10 章时建立属于你自己的指导规则。

>> 延伸阅读

美的、格力、海尔的人机新时代

2018AWE（中国家电及消费电子博览会）前夕，美的集团"人机新世纪"战略首度公开，它系统性地揭示美的通过人机共荣共生、和谐协作，在智能制造、工业互联网、智能家居等方面的裂变式发展。2018AWE 现场，美的馆也展示了全面的机器人应用场景：更专业、更友好的商用机器人和能远程医疗的服务机器人。安得智联首次展出四大机器人 Air-pick、Air-carry、Optimus Prime 及 Bumblebee 系统，分别代表不同的智慧仓储应用。3 月 21 日，又一重磅消息传来，美的宣布将向库卡（全球工业机器人和设备与系统技术的领先供应商之一，同时也是工业 4.0 的先锋）中国下属业务注资，共同成立 3 家合资公司，以拓展工业机器人、医疗、仓储自动化三大领域的业务，以顺应中国市场在智能制造、智能医疗和智能物流、新零售等方面的高速发展需求。

不独美的长袖善舞，格力在机器人产业板块同样风生水起。对于格力在智能装备上的发展规划，格力电器董事长董明珠在2018年度格力干部会议上表示，过去格力智能装备实现了自身的生产自动化，未来五年格力要在智能装备上发力。同时，她首次以"格力电器未来的第二主业"来定位智能装备的战略意义。格力电器在中国有8个基地，基本上都实现了无人工厂的生产状态。格力生产的智能装备产品，目前不仅可以为家电行业服务，也可以为食品行业及其他工业行业服务。公开数据显示，截至2017年底，格力智能装备产品覆盖了数控机床、工业机器人、伺服机械手等十多个领域，超百种规格，产出自动化装备5500余台套，累计产值约30亿元。

同样是2018AWE前夕，海尔宣布和软银机器人展开战略合作，将软银的人形机器人"Pepper"引入中国市场。当天，海尔也正式发布"海尔智慧家庭——服务机器人战略1.0"，提出服务机器人从单一功能、单一场景到全场景的升级，正式进军服务机器人领域。

第四部分
你的数字化转型之路

　　联想集团正从电脑硬件生产商向全面智能化升级，未来联想将 All in AI，全面拥抱智能化，不仅开发丰富多彩的智能终端，针对不同行业的 smart IOT 的设备，还将聚焦于超级计算、云计算、边缘计算。联想集团将围绕智能制造、智慧医疗等垂直行业，提供更加完整的智能化的解决方案。

　　安踏体育打造数字化新商业模式，建成一体化科技产业园，包括物流中心、智能工厂、技术中心、创新中心与订货会议中心，打通线上、线下、物流、大数据，布局未来 10 年业务发展。

　　大润发超市转型数字化卖场，在卖场内设置品牌的快闪体验区、派样机、智能母婴区、金妆奖等进行引流和卖场内拉新，从而助推客流量提升、品类升级和体验增强，并帮助品牌获取新客。

第 9 章
数字化自适应之旅

无论你是一家企业还是其他什么类型的组织，都会有自己的经营之道。诚然，"一个有效的经营理念必须内容清晰、观点一致、重点突出，这样的经营理念具有超乎寻常的力量"。20世纪著名的管理学大师彼得·德鲁克在 1994 年这样写道。他认为"当前许多成功的世界级大企业陷入困境的根本原因是它们的经营理念已经不再有效"。德鲁克也许还指的是 20 年后全球各行业、各市场和各类企业所经历的数字化转型。

为什么你的企业需要一种自适应的经营理念

德鲁克认为，企业领导者应该更加关注经营方式，而不是经营内容。如果手中没有一种令人信服的数字化和自适应经营理念，那么企业管理者倾向于维持现状。我们总是更容易遵循自己熟悉的规则，接受并采纳某些看得见的领域的数字化工具，同时尽量避免那些新兴的未知领域。如果没有一种能够指导公司和行业进行数字化转型的强大理论，企业领导者看不到潜在的转型规模，管理者也只会对他们的投资活动进行一些渐进式的改革。结果便导致许多企业对未来的数字化时代准备不足。

虽然德鲁克提倡的是专业的领导者，但斯坦福大学教授、20世纪的组织学泰斗詹姆斯·马奇（James March）则要求研究人员更深入地了解探究新可能性与开发旧的确定性之间的适应过程。这一过程在成功的企业中尤其复杂。由于过往业绩相当好，成功企业面临着继续保持众所周知的成功路径的强大压力。即便领导者意识到未来的情况可能与过去完全不同，他们也会继续沿着可预测的、容易被人理解的路径前进，而对于在何时、何处及如何转型一无所知。

简而言之，当我们无法通过过往表现来推测未来时，那些成功的企业把自己困在了过去的核心竞争力中。这就是我在前言中提到的成功陷阱的悖论。

数字化矩阵认为数字化在过去的基础上创建了一个完全不同的未来，旧有的规则和策略的作用有限，因此需要制定新的商业理论。数字化矩阵希望帮你规避前言中谈到的四种类型的陷阱。三个转型阶段为你的关注点带来动力，三类企业利用第三部分谈到的三种制胜策略创建某种差异化。这些想法都在回避一个实质性问题：在你从当前的商业法则中获取最大利润的

221

同时，什么样的数字自适应理论能够帮助你在一个不确定的陌生世界开辟未来的事业？

弱信号：学会识别即将来临的破坏事件

"需要来一次重大改革的证据被隐藏在其他大量嘈杂信号之中。这个信号就像末日之音一样弱小、模糊、混杂不清，无论如何都不是一个颇受欢迎的信息。"战略管理思想的领导性人物伊戈尔·安索夫（Igor Ansoff）教授在 1976 年时这样写道。

他谈到的就是弱信号，那些有关未来的模糊又具有争议性的零碎信息。这些信息往往被隐藏在你和你的组织用于理解信息的那些普遍机制的"噪音"中。安索夫还提到了一个令人悲伤的事实，即这些早期的警告信号往往容易被人忽略。然而，任何自适应理论都要求组织具备在其他组织之前感知到潜在意义，以及理解这些弱信号的影响的能力。

有些弱信号与微调当前的业务有关，包括更好地了解当前流程内的趋势，基于社交媒体更好地瞄准营销信息，或更好地利用来自推特的数据与分析等。渐渐地，许多公司将越来越善于感知和回应当前运营过程中的弱信号。但是，我强烈建议你不仅要利用弱信号微调当前的业务模式，还要更好地了解数字技术如何通过第二部分中描述的三个转型阶段，以及第三部分中谈及的关键参与者利用三种制胜策略，用数字技术破坏或改进当前商业模式。我们来观察以下案例。

如果你是 20 世纪 90 年代末的一家套装软件公司（类似微软、甲骨文和 SAP），赛富时的创始人、科技型创业家马克·贝尼奥夫（Marc Benioff）通过云端提供服务软件就是一个弱信号。或许你对于将软件迁移至云端的规模和速度还不完全理解，但你必须尽量去了解这种转变的意义所在。如果你是百思买这样的巨型零售商，21 世纪初亚马逊的在线购物服务就是一个弱信号。如果你是 20 世纪 90 年代的一家大型连锁书店，电子商务也是一个弱信号。如果你目前已经在亚洲建立了强大的工厂和供应链，3D 打印技术就是一个弱信号。如果你涉足金融服务，弱信号就是区块链。如果你相信你拥有行业内最优秀的人才，那么机器人和软件机器人对你来说就是弱信号。

安索夫的观察听起来依然很可靠。许多领导者在还未了解这些弱信号的重要性之前就失去了初步建立战略性应对措施的宝贵时间，甚至在朝着新方向调动和调整组织架构的过程中又浪费了更多时间。如果你无法及时识别这些弱信号并迅速作出响应，就会对公司的适应能力造成妨碍。理解弱信号是对企业数字化未来的战略性思考，以及转型可能达到的规模、范围。

改进自动化工具和算法并非解决之道。你需要退后一步，重新审视你对自身商业模式如何通过三个转型阶段的假设。毕竟，你也了解施乐公司这类经典的失败案例。施乐"搞砸了未来"，因为母公司无法理解其远在硅谷的一个附属机构——施乐帕克研究中心（Xerox PARC）所发明的图形用户界面和光学鼠标。它们都是个人电脑问世前的先驱产品。相反，苹果、IBM 和微软识别到这些弱信号，从而推出了各自的个人计算机产品。你也许会问，作为一家要面对来自其他大型复印机制造商的竞争压力的复印机企业，施乐如何能看到这些前沿技术创新能让它转型为一家计算机企业？同样的道理，柯达怎么可以看到时代的车轮已经从感光照片转向了数字图像？某些转变过于偏离成熟传统企业的核心业务，以至于它们无法抓住其中的机会。此外，也不能仅仅因为某个企业在某个时间段表现得十分适应，就认为这个企业具备了内在的自适应能力，而不会在未来的技术周期转变中败北。不过我们可以了解一下一些正处于适应转变过程中的公司，当你开启自己的自适应之旅时，它们的教训或许可以给你提供一些见解。

剧烈转变：学会拥抱未来

在转型的三个阶段，每一个公司都要经历一个适应的过程。这是实现具体目标的一种经历，而不是一种尝试。那些已经成功的企业作出重大的决定，将重心从过去的反复检测过的商业逻辑转向更新的增长路径。你的企业能否脱颖而出取决于你对数字化重要性的了解程度，以及你对忘记过去、拥抱未来的紧迫程度。以下案例列出了一些成功适应了新商业模式的公司，其中一些公司我们在本书前述章节中有过论述。我特意将这些公司再次收录进来，就是为了证明每一家大公司，无论规模大小和行业类别，都要在某个时刻经历各种剧烈的转变。

总的来说，这些案例应该能帮助你形成自己的数字化自适应理论。

亚马逊。亚马逊从一家在线书籍零售商转型为"地球上最以客户为中心的公司"，亚马逊首席执行官杰夫·贝索斯的远见卓识功不可没，他将亚马逊成功打造成了一家具有世界级规模和影响力的零售巨头企业。在贝索斯看来，"这只是第一天"（This is Day 1），还有一个远大的未来在数字业务的基础设施上。短短二十年，亚马逊就打败了昔日电子商务领域的大多数竞争对手，实现了 1000 亿美元的销售额，市值超过沃尔玛（其传统零售竞争对手），成为云计算领域的领导者。亚马逊改变了零售及相关行业对规模、范围和速度的定义。

苹果。史蒂夫·乔布斯重新定位了自己亲手创建的这家公司，接着被迫离开，然后又重新回归，将这家公司从破产的边缘拯救回来，这段经历堪称传奇。从最开始的 iPod，到后来的 iPhone 和 iPad，苹果的转型历程涉及企业规模的转变——从一家生产各种计算机产品的公司变成了一家专门提供能够改变数字时代人们生活方式的单品的公司。无论按照哪种标准来评判，苹果公司的转型都非常成功：截至 2016 年中，苹果公司是全世界最赚钱和最有价值的公司。但随着智能手机成熟期的到来，苹果也面临着一个新的转折点。

康卡斯特。这家大众传媒公司本来会像它的几个传统竞争对手一样，成为一家有线电视与互联网提供商（"笨水管"）。但是，康卡斯特通过收购通用电气旗下的 NBC 环球（NBCUniversa），丰富了内容产品的范围，将自己定位成为给家庭和企业用户提供在线内容和娱乐的门户企业。康卡斯特与美国电话电报公司（该公司收购了 DirecTV）、威瑞森（该公司收购了美国在线、雅虎和休斯车联网）进行着类似的交易。随着未来十年全球数字化趋势的不断加速，这些公司也在千方百计地避免成为商品化的基础设施提供商。

爱立信。过去 140 年以来，从专注于固定电话业务转向移动电话业务，再到现在为全球手机运营商和各类企业提供网络设备和服务，这家通信技术公司的业务规模不断扩大。

诺基亚。诺基亚通过收购西门子、阿尔卡特－朗讯（Alcatel-Lucent）和威辛斯（Withings），成了为互联产品提供网络支持的领先者——尽管诺基亚未能成功从其过去所主导的功能手机市场转向智能手机市场。

脸书。将这家社交媒体公司列入该名单纯属意外，但在其不长的公司历史中，脸书成功地从一个个人电脑上的社交网络转型为一个能够在手机端使用和参与的领先平台。2012

年脸书首次公开募股时，它在移动互联网领域还不具备任何影响力。但我们看看现在的统计数据：脸书的日活跃用户超过 10 亿人，其中 8.5 亿人为手机用户，这些用户每月使用脸书应用软件的平均时长为 14 小时。如今，脸书 65% 的视频播放量（与 YouTube 对比）和 80% 的广告收入来自移动设备端。

通用电气。这家公司正在进行的转型强调的是规模的根本性转变——从一家用金融连接起各个毫无关联的工业企业的大型集团，转型为以软件和分析方法为核心，以改造、改善、建设和治愈世界为宗旨，进行业务部门划分的数字化工业企业。在凭借先发优势扩建工业互联网的过程中，通用电气始终重视顶尖人才的引进工作。如果它留不住这些人才，他们就会去往其他科技型创业公司，如特斯拉，或者数字巨头企业，如 Alphabet 和亚马逊。通用电气在适应变化方面的努力不仅是为了创建第一家数字工业企业，还是为了在 2020 年成为一家"排名前十的软件公司"。

谷歌。从一家与搜索技术相关的广告公司转变为利用手机网页和安卓平台提供关键字广告（AdWords）和广告联盟（AdSense）服务的公司，谷歌的适应过程涉及业务规模的转变。2015 年，作为一种全新的扩展式企业集团模式，Alphabet 宣告成立，从而孵化出许多不同的盈利模式。Alphabet 让谷歌吸引到了那些热衷于将新兴的计算机技术原理用于解决基于搜索技术的广告行业之外的、其他各个行业的棘手难题的顶尖人才。

IBM。1994 年，郭士纳（Loiu Gerstner）开始担任 IBM 总裁兼首席执行官，将这家巨型企业从破产的边缘拯救了回来。在他的一手策划下，IBM 成功实现了商业规模和组织逻辑的转变——从高度自动化的业务单位转型为以客户为中心的综合性计算解决方案提供商。

换句话说，IBM 的客户可以通过它提供的产品和服务让自己变得更加高效，不断壮大自己的事业。郭士纳至少证明了一点：大象也能像那些更小的竞争对手一样优雅地跳舞。IBM 现任首席执行官吉尼·罗曼提也曾策划了另一轮从软件转向服务的经营范围转型，利用认知计算进一步提升企业效率并扩展客户。规模和经营范围往往被视为大企业转型过程中的负担，但 IBM 的两次转型显示，这些不利因素可以克服。也就是说，你不能再把庞大的规模或悠久的历史作为逃避转型的借口。

约翰·迪尔。通过将精细农业和农业决策新技术深度整合，约翰·迪尔不断扩大业务范围，使其在农业机械设计和供应领域一贯的统治地位得到巩固。它还收购了孟山都旗下的精密种植公司（Precision Planting LLC），深化了与该农业巨头公司的关系，从而提升了自身的核心竞争力，这些举措确定了未来十年重大数字化进程尖端领域的行业领导者。在一些传统农机制造商变成"商品推销员"的同时，另一些公司却凭借着连通性、信息和洞察力站上价值链的顶端。

微软。这位个人计算机领域无可争议的王者正处于一次重大的自适应过程之中。微软致力于扩展其在移动和云计算领域的业务范围，以收取微软传奇性软件产品（Windows和Office）许可费为代表的盈利模式正在发生变化。为用户提供 Windows10 免费升级服务，将 Office 产品变为一项基于云端的订阅服务，为 Google Android 和 Apple iOS 等平台免费提供应用程序，微软现任首席执行官萨蒂亚·纳德拉一直在为确保微软在数字时代的重要性和核心地位而努力。在未来的数字时代，连入网络的设备将达到近 500 亿台。从长远来看，撇开其在第一轮手机移动革命中错失的机遇不谈，微软继续行进在适应未来变化的道路上。

网飞。网飞的自适应过程涉及以高效物流和 DVD 发行作为核心竞争力提供邮寄订购服务向跨设备、跨网络的在线视频流媒体服务的转变。网飞必须转变其核心业务，远离线性广播媒体（在预先约定的时间通过特殊频道播送的电视节目），向请求式个性化媒体网站转型（在授权许可的范围内，消费者可以随时随地用各种设备观看视频内容，没有频道限制）。网飞必须在云端视频流领域发展出新能力；重新定义自身的数据和分析能力；与包括亚马逊等竞争对手在内的各大公司建立新的合作关系。

与曾经的那家 DVD 发行公司相比，现在的网飞所拥有的能力和关系完全不同，它随时准备好影响未来的媒体和娱乐产业的格局。

各个行业都处在转型的过程中，这迫使传统企业不得不迈开自己的自适应步伐。你很可能就是其中之———身处剧烈的转型变革之中。你是否拥有引人注目的转型主张？

如果你的目标是在 2025 年成为一家行业领先的公司，你就必须讲述出一个独一无二的数字化转型故事。跨越三个阶段的合理化转型过程是一个需要快速反馈的持续性过程，这是数字化矩阵所要传达的基本信息。

当你在这三个阶段中重塑企业时，你会发现自己在参与各种全新实验，与各种彼此共存、互相转变的新业务模式发生冲突。数字化带来了多个类型的参与者，他们参与投资，彼此互动，重新塑造和改进现有的商业模式。

因此，自适应并不是一个一步到位的过程，它没有终点线，也没有胜利后绕场一周的仪式。自适应是一个零星偶发但循序渐进的多极端转型过程，它既能保证现阶段的盈利能力，同时也在为未来的增长和盈利打下基础。

作为企业领导者，你的任务是确保转型过程中不发生大幅裁员、高风险收购和成本高昂的资本重组。

高效适应的主要原则

在我看来，并不存在一种适用于所有公司的战略性适应模式。我对企业的研究和经验告诉我，企业在适应数字化技术方面一直存在着困难。因此，我提出了以下五个指导原则，用于指导你制定自己的数字化自适应理论。

原则一：对未来好奇，对现状不满

"时刻有人想让你的产品变成过时货，一定要确保这个人是你自己。"这是宝丽来（Polaroid）创始人埃德温·兰德（Edwin Land）常说的一句话。成功的秘诀是保持好奇心，或者引用阿尔伯特·爱因斯坦的名言"重要的是不要停止质疑"。他认为使他获得成功的不是什么特殊的才能，而是充满激情的好奇心。以上这些名言揭示了好奇心的两个驱动力：对现状的强烈不满和对未来无限可能性的迷恋。无论哪种驱动力都可以成为你踏上自适应之旅的正当理由。

然而，即便那些对未来充满好奇心的人，也往往限于自身有限的视野，待在自己的舒适区里不愿出来。举例来说，假设你从事农业机械业务，对于机械工程学抱有好奇心，但你对传感器和软件会同样感兴趣吗？理应如此。哈佛大学教授克莱顿·克里斯坦森（Clayton Christensen）曾经指出，大多数传统企业对威胁视而不见，即便各种破坏事件正在它们所服务的市场周围发生。原因何在？因为这些威胁似乎与它们熟知的各种经营之道完全不同，而管理者对于这些威胁将如何进一步加剧并破坏它们的核心业务漠不关心。

我们可以从增强现实技术中学到什么？

如果你是一个好奇的人，增强现实技术并不算什么新闻。你可以在几十年前的军事和航海系统中找到这种技术的影子。不仅如此，1998年起它就一直被运动视觉（Sportvision）公司用于足球比赛的赛事直播。

最近，融合了数字世界与物理现实的可穿戴技术引发了巨大的关注。谷歌的增强现实眼镜和各种手机应用程序让学生能在3D环境下浏览书籍；2016年7月推出的《精灵宝可梦Go》在发布后的两周时间内就吸引了2000万活跃用户。如果你还未开始准备，现在就应该对增强现实技术的各种可能性加以关注。

Signia Venture Partners 公司的桑尼·迪隆（Sunny Dhillon）指出，真正的增强现实"要求计算机视觉和对现实环境的动态映射"，从而对每一幅图像和每一段视频进行评估，像我们人类一样去感知它们——而且这一切都实时发生。

虽然我们距离这一目标还有些距离，但你可能会问：这种将数字虚拟世界与真实物质世界互相融合，让消费者共同参与创造产品与服务的技术对我们到底有何意义？让计算机在没有人类干预的情况下自主学习和理解的机器学习技术对于增强现实又有何意义？

无人驾驶汽车可以准确地探测到行人，发现并避开路上的障碍物，然后判断和找到绕行的道路，这些都让无人驾驶汽车变得更加安全。照片和视频存档也会变得更加快速和便捷，因为计算机可以根据超级具体的细节或之前未指定的模式对照片和视频进行识别和分类。外科手术会更加精确，因为医生可以实时共享其他专家的专业知识。试衣间可能会成为历史，因为计算机可以将当年的潮流服装按照合适的尺寸和颜色叠加到你的影像上。这些技术会对你的行业产生什么影响？你应该对哪些弱信号进行追踪？好奇心将驱使你对不同的行业、学科和地理位置进行大范围的审视。

组建由自诩为未来学家和乐观主义梦想家构成的团队，他们看到的是未来的各种可能性，而不是各种阻碍。不要让他们为你提供从标准报告中也能获得的趋势信息，而是要让他们向你报告最有可能出现的转折点：有关你应该如何适应趋势，采取行动的速度，以及新的投资方向的解释、转型理论和想法。

确保这种质问现状的做法位于你的转型管理计划的核心位置。设计正式的机制，了解过去和现在获得成功（核心能力）的假设和驱动因素，然后再思考一下这些假设和驱动因素能否确保你的公司在未来也同样成功。确保你的领导团队中有一些具备脸书所认同的"黑客思维"的人才，他们不仅对未来怀有强烈的好奇心，还对现状感到强烈不满，知道核心能力会在何时以何种方式转化成能力陷阱。

原则二：设计实验并从中学习

19 世纪美国著作颇丰的散文家和诗人拉尔夫·瓦尔多·爱默生（Ralph Waldo Emerson）有一句广受赞誉的名言："生命就是一场实验。你实验的越多，就做得越好。"据说阿尔伯特·爱因斯坦也说过类似的妙语："所有的实验工作并不能证明我正确，而某个具体的实验却可以证明我错了。"法国科学家克洛德·贝尔纳（Claude Bernard）认为，"观察是被动的科学，实验则是主动的科学"。

但或许亚马逊首席执行官杰夫·贝索斯在他 2014 年致股东的信中对实验的重要性作了最好的总结："失败是创新必不可少的一部分，我们理解这一点，并相信在经过早期的失败后，不断地重复尝试会让我们最终取得成功。这意味着，我们遭遇的失败从规模上来说相对较小（大多数实验都能从小规模开始）。当我们找到真正有益于客户的东西时，就会加倍努力地去做，希望将其变成更大的成功。不过，创新的过程并非总是那样清晰。发明创造是件麻烦事，随着时间的推移，我们肯定也会在某些重大的押注上遭遇失败。"

你可以从那些随处可见的实验中学习，尤其是具有不确定性的，以及与数字技术具有复杂趋同性的实验。自适应实验的成败并不重要，重要的是它们会触发一系列深化和扩展你学习过程的后续实验。

我们从 3D 打印中可以学到什么？

你很可能已经注意到了 3D 打印技术，因为 3D 打印似乎直接跨越了多个行业。这项技术已经应用于娱乐休闲产业（打印巧克力或个性玩具）和（规模更大的）制造业企业（生产概念化样品和原型产品）。

比如位于亚利桑那州的 Local Motors 已经推出了一款全尺寸的 3D 打印汽车。波音公司一直在尝试用 3D 打印的方式生产全部的飞机零配件，在不牺牲安全性的前提下降低维修成本，缩短停机时间。美国空军颁布命令，称其打算将 3D 打印技术融入飞机设计与维修的各个方面。后续的实验还包括决定是由空军独立开展这些实验，还是与其他航空公司合作组建维修中心"集群"，而不采用不具成本效益的专有方法。

除了实物产品外，医学研究人员还在致力于采用生物打印技术，用 3D 打印机打印人类基因的研究。普林斯顿大学的研究人员公开了一种结合了生物学和电子学的 3D 打印仿生耳产品。虽然目前这些发明还属于边缘研究领域，但它们会带来各种激动人心的创新。这些创新不仅是医疗保健企业的弱信号，也是所有企业的弱信号，因为这些实验提供的学习机会是无限的。

与此同时，斯特塔西（Stratasys）公司与极光飞行科学公司（Aurora Flight Sciences）合作推出了"全球最大、速度最快、结构最复杂的 3D 打印无人飞机"，这款无人机的最高时速可以达到 150 英里以上。不论你从事哪个行业，你的下一个问题应该是：（1）斯特塔西在 3D 打印领域的下一个新的研发边界是什么？（2）极地飞行科学公司还将推出什么类型的无人机？数字技术的前沿领域令人振奋，充满不确定性，而系统性学习可以减少这种不确定性。

原则三：掌握自适应周期

受查尔斯·达尔文《物种起源》一书中进化论思想的启发，管理学界衍生出一个有关组织适应性的观点："存活下来的物种既不是最强大的，也不是最聪明的，而是最能适应环境变化的。"换句话说，把从实验中学到的知识运用到行动中。

成功的适应能力需要利用各种资源来获得必要的规模、范围和速度。当你发现你的依序实验正在朝着降低风险的方向迈进，你就必须抓住这个时刻作出变革。

这是一个从为少数实验分配最少战略资源转向将组织引向新的方向的伟大时刻。

我们可以向数字巨头学习什么？

对于 IBM 来说，采取行动的时刻就是创建一个独立的部门以发挥"沃森"的作用。2014 年，IBM 首席执行官吉尼·罗曼提拿出 10 亿多美元进行投资，这些钱不仅用于研发，还用于向市场推出基于云计算的认知应用程序和服务。危险边缘实验催生出的见解足够为各种商业问题创建认知计算应用程序。而对于苹果公司而言，行动时刻则是史蒂夫·乔布斯将 iTune 的功能扩展到音乐服务之外，并将各种资源应用到手机移动端，使得 iOS 平台成为各种苹果设备和应用程序的中心。亚马逊的行动时刻是杰夫·贝索斯把资本投入到亚马逊网络服务，使其成为云计算领域的领导者的那一刻。当拉里·佩奇决心采用 Alphabet 构架，从而能在需要时调动各种资源，迅速扩大与核心搜索业务迥异的商业方案，这就是谷歌的行动时刻。

佩奇当时曾这样说道："长久以来，我们一直坚信，随着时间的流逝，企业会习惯于做同样的事情，只希望开展渐进式的改革。但在技术领域，革命性的想法推动着下一轮的快速增长，要避免落于人后，你必须走出舒适区。"

Alphabet 的生命科学部门（Verily）所做的正是这件事情。除了生产具有测量血糖功能的隐形眼镜之外（与诺华合作项目），Verily 还与爱惜康（Ethicon）签订协议，共同创建了一家全新的子公司，专注于为医院手术室的专业人员研发外科手术机器人和相关医疗技术。

观察和学习实验的最终结果是协同行动，哪怕是坚持到底。

原则四：测试你的适应周期

作家尼科洛·马基雅维利（Niccolò Machiavelli）在《君主论》（*The Prince*）中指出："没有比引领事物的新秩序更难把握、更冒险和更不确定的了。"这就是要保证你的适应周期（感知→学习→行动）优于竞争对手的原因。你并不孤独，你的行动（尤其是在第二阶段向第三阶段过渡的时期）将构建起新的数字化商业规则，这些规则应对你有利并增加你的成功概率。

相对于其他参与者你必须诚实地评价，自己在三个阶段中的适应表现。首先，通过审视从意义建构到行动过程中的表现，对比其他行业企业的适应周期——相对于传统竞争对手而言，你的差异化领域是什么，你的弱点在哪里？我知道有些企业拥有一支优秀的竞争力搜索团队，但它们无法做出有效的应对行为。其次，把视野放远一些，与科技型创业企业和数字巨头进行一番较量。你能否通过与它们合作来缩短你的适应周期？再次，只专注于三种制胜策略：与三类参与者相比，你的构建能力、共创能力和放大能力如何？最后，是否能取得成功取决于你调整三种制胜策略以跟上行业最优秀者的能力。

我们能向美国陆军学习什么？

美国陆军退役参谋长戈登·沙利文（Gordon Sullivan）将军在海湾战争期间曾获得过快速学习比赛的冠军。他把能够找到的小组都聚集起来，就最新执行的任务开展行动后学习（After-action Reviews），找出需要改进的地方。

参与者需要回答四个问题：（1）我们做了些什么？（2）实际发生了些什么？（3）为什么会发生？（4）下次我们要做些什么？大家会用四分之一的时间回答前两个问题，四分之一的时间回答第三个问题，然后用剩下的一半时间来回答有关最后一个问题。那些对此前的行动进行过评估的部队在调整和创新战术方面的表现更好。

原则五：重新定义你的实验组合

约翰·肯尼迪总统曾经说过："变化是人生的法则。那些只会留恋往昔或驻足当下的人注定会错失未来。"其实肯尼迪总统一直在谈论数字化矩阵，这并非是对这句话毫无根据的延伸。

如果我们假定变化是恒定的，你在不停地重新定义你的适应周期，由此我们就能得出一个结论，即你还会不停地重新平衡你的实验组合。你要像一个共同基金经理一样，通过正式的流程增减实验数量，从而确保你的稀缺资源得以广泛分配。

我们能向比特币学习什么？

如果你从事的是金融服务行业，2017 年的你会很容易接受这样一种说法，即你应该尝试接触一下比特币。但你是从什么时候开始对这个创新支付网络及其背后的区块链技术感到好奇的？你第一次感受到它的重要性是在什么时候？之后你又做了些什么？

2015 年末，全球 22 家主要银行达成协议，联合创建一个名为"沙箱"的实验室，这个实验室的任务是利用分布式总账技术来设计和测试替代比特币的架构，这个架构代表着由每一笔已发生交易所构成的网络。你是否属于这 22 家银行之一呢？当然，这个实验是一个良好的开端，但作为其中一家银行的领导者，为了更快地了解数字化金融的众多可能的发展路径，你应该独自开展哪些其他实验？合作开展哪些实验？如果你想将业务扩展到金融以外的其他领域，你应该如何将比特币式的架构扩展到其他创新的信用交易场景（例如医疗或贵金属）中去？这个领域的爆发增长期已经到来，你的实验组合也必须动态变化。

作为一家传统企业的领导者，你所面临的挑战是决定在哪个领域开展实验，与谁合作（内部合作还是外部合作），以及何时开展实验（视技术成熟度而定）。你还必须确保你的实验组合有助于你开展进行数字化转型的准备工作（不一定与传统竞争对手的转型原因相同）。你在数字化转型过程中的取胜能力反映在已进行的实验组合，以及未来准备开展的实验。

企业高管们经常问我一个问题：有没有一种测试能够马上看出一家公司是否做好了数字化转型的充分准备。答案简单又直接：没有。没有一个绝对的标准，没有一种神奇的技术，也没有一种最佳的方法。如果你遵循了以上五个原则并对数字化及其发展前景和误区确信无疑，你的适应能力就很可能超越你的竞争对手。这将赋予你优势。

第 10 章
你的规则矩阵

杰夫·贝索斯在 1997 年致股东的信中说："这是互联网的第一天。"而今天的我仍然相信，现在依然是数字化的第一天，也是我们这些站在数字化转型风口浪尖的所有人的第一天。你已经知道，在数字化转型中没有哪家公司占据主导地位。处于不同转型阶段的公司对数字化的重视程度也各不相同。

有些管理者把数字化作为提升效率的工具，他们不打算改变现有的商业模式，但另一些公司则把数字化视为顶线增长和底线盈利能力的潜在影响因素，他们还不具备把公司作为一个整体来调动、从而作出系统化响应的能力。

你的任务不是走别人走过的老路，而是创建自己的 2025 年发展路线图。问题是从哪里开始呢？

更进一步：从浅尝辄止到战略构建

在本书开头我就说过，你的企业正在向数字化转型，而且你在很多不同业务中都毫无疑问地看到了这一事实。但是与企业创立之初时相比，你的管理手册很可能并没有发生太大变化。

换句话说，工业时代的理念仍然无处不在，虽然你在转型过程中或许进行了一些改正，但你的功能组织方式，你对行业、人才，以及成功标准和金融资源分配的看法依然维持不变。

你可能在不同的组织部门小规模地添加了一些数字化元素。

开始在网上销售产品，接受了电子商务模式，但你已经变成一家真正的数字化企业了吗？

拥有一系列的手机应用程序，但你的企业是否已经从产品中走出来，独立成为平台组合的一部分呢？

通过各种设计媒体与客户建立了联系，跟踪客户与消费者的交互关系，但你是否真正在使用这些数据，成为一家更关注解决方案的公司呢？

对比自己与行业内熟悉的其他公司，你是否正在行业的交叉地带寻找新的商业模式，创造新的价值？是否正在寻求与其他公司建立竞争或合作关系，而这些公司之前的标签和角色已变得模糊了呢？

你可能在观察研究那些数字巨头企业已经证明的技术进展。2016 年，脸书的 Aquila 太阳能互联网无人机首次试飞，探索了如何将全球 70 亿人口联系到最佳数字前沿。如果你从事电信行业，你马上就会发现这项技术的直接影响。但是，即便没有注意到这些影响，你很可能也想知道这种技术会如何促进高速数据连接的发展，将其扩散到目前还未受到数字化影响的地方。这将对你的商业模式，以及获取新客户的能力造成何种影响？

你或许还会关注各种形式的虚拟现实技术——从谷歌简陋、廉价的纸板虚拟现实眼镜，到微软和脸书价格昂贵的穿戴式设备。如果你在经营一家培训公司，或许你已经在尝试这种技术了。但即使你并未尝试过它，你也能思考，对于不同体验里的数字—实体交互，虚拟现实技术意味着什么？

同样的道理，你可能也留意到创业者为了获得初期或后期投资而向你推荐的各种创新发明。或许你已经考虑过运用机器学习、操控机器人，或者各种整合私有云与公共云的方式来提升业务效率和安全性。换句话说，你知道许多这类单个的创新技术，但这些技术对于你的企业来说意味着什么？你应该如何开启你的数字化转型？这正是目前的关键所在，也是本章关注的焦点。

如果你刚刚踏上数字化转型之路，那么你应该好好了解一下最近的一些相关论著。哥伦比亚商学院高管教育项目主任大卫·罗杰斯（David Rogers）列出了需要整合起来以共同创造价值的五大领域——客户、竞争、数据、创新和价值。另一个有用的初级入门指南是麻省理工学院的研究员乔治·韦斯特曼（George Westerman）和他的同事所提出的数字化转型指南针。四个阶段——构建数字化挑战、聚焦投资、调动组织和坚持数字化转型，为采取行动定下了基调。

现在，让我们使用数字化矩阵来展现规则。虽然我说的是使用规则，但这并不表示有一套可遵循的严格步骤。正如数字化巨头和科技型创业公司已经证明的那样，战略性思维的目的是打破传统的思维界限，运用谋略打败竞争对手。但每条规则都值得我们进行详尽的解读。

这些规则强调了你必须遵循的关键原则和分析方法。每条规则如同一块积木，现在你要把这些积木搭建起来，体现出你的战略性思维的意义所在。此后，当条件发生变化，或者当你遇到新的机遇或更严重的挑战时，你要重新梳理这些规则，选出不同的规则组合来制定新的战略。

设计适合你的企业的规则手册

在本书第 2 章，我为读者介绍了数字化矩阵，其中体现的理念是：数字化转型可以反映为处于三个阶段的三类参与者的各种行为。图 2.1 阐释了第一个核心表达。现在我想引出第二个矩阵，即规则矩阵。这个矩阵并不关注三类参与者，而仅是将数字化转型的三个阶段映射到针对传统企业的三大制胜策略，同时产生九条规则（见图 10.1）。对于科技型创业企业或数字巨头公司的管理人员来说，这个练习同样很有价值，但我在这里只关注传统企业。

数字化矩阵		边缘实验	核心冲突	根基重塑
构建和参与	⚙			
构建和参与	💡			
人机协作	🌐			

图 10.1　规则矩阵

许多管理学书籍都会在书末提供一套规则、解决办法和指导方针。在许多情况下，它们要么非常一般化，要么非常具体，往往都是一些与书籍主题看似无关的注意事项。但是，规则矩阵完全不同，这里的九条规则直接源自此前我们所讨论的问题。此外，这些规则中也没有一条死板的解决办法。它们没有提供陈腔滥调的现成答案，而是提出问题和指导行动的选择方案。这是因为这些规则所提出的见解都是不断变化的内外部条件的结果。今天收获的见解，过一段时间就会不一样。

同样地，同一个管理团队中的高管往往会被不同的规则所吸引，这也反映出他们在组织中的位置，以及他们各自所持有的观点。这不是什么坏事，也不会影响到你采取行动的能力。花一些时间审视这些不同观点，有助于你针对自身情况制定个性化的规则手册。

或许你对近些年来美国红十字会、思科、戴尔、百事和赛富时所设计的社交媒体指挥中心并不陌生。甚至你的公司也有自己的流媒体实时数据屏幕库，当你的品牌在不同的社交媒体论坛（脸书、推特、Pinterest、Instagram等）被提到时，信息就会显示在屏幕上。

我喜欢把数字化矩阵指挥中心描绘成一种类似的装置，但该指挥中心的目的是跟踪和分析你在三个阶段中关键行动引起的反应，将这些信息与其他来源的反馈进行整合，然后调整你的后续行动和反应。

指挥中心也可以是实时跟踪数字巨头、科技型创业公司，以及你的传统竞争对手的关键行动的地方。它们采取这些关键行动的目的是为了抢在你前面调整其战略和定位。指挥中心为你提供了根据这九条规则制定规则手册、确定优先事项和定位所需的信息，它扮演着行动指南的角色。

接下来我说明这九条规则，并告诉你如何将它们用于实践。但是首先我将告诉你如何利用规则矩阵接近这些规则。

选择你的切入点

与许多管理工具不同,面对规则矩阵,从何处入手并不重要。最终,你必须了解每一条规则,这样你才能针对自身情况来运用规则。但是,首先你要通读这九条规则,然后想想如何在你的场景中将它们联系在一起。不要作出任何决策,只需记下你感兴趣的一两条规则。这就是你的第一个切入点。

单一规则。如果你对一两条规则尤其感兴趣,那是因为你一直在仔细地思考这些特定网格中所呈现的问题和挑战。或许某家数字巨头公司邀请你去参加会议,讨论可能的合作方式,又或许你在想如何在这样的同盟中找到最适合自己的位置(注意规则四)。

再或者你在考虑与脸书、Alphabet 或亚马逊进行接触,以探索各种合作的方案,但你不确定能为这种潜在的合作关系带去哪种具体的专业知识(注意规则五)。

还有可能有人建议你收购一家新兴的数字化公司,而它已经成功申请了一系列创新专利,这些创新有可能对你过去的商业模式构成挑战(注意规则二)。

在我参加的若干会议和研讨会中,以上情况都被企业管理者提到。对于他们而言,这都是新情况,你也一样。

你可以用最优秀的管理思想和分析方法解决这些问题并试着作出最好的决策。但是,这些并非一次性的问题,因此也没有一次性的决策。你必须通过制定规则处理这些问题，因为数字巨头和科技型创业公司以更深入、更复杂的方式与你建立联系时，它们还会再次发生并频繁复现。总之，只专注于解决日程表上最重要而直接的问题的单一规则是一个很好的初期切入点，尽量根据公司的需求充分掌握这条规则。

一套关联规则。 规则矩阵解释得很明白，规则之间并不是互相孤立的，每一列中的规则都通过转型阶段联系在一起。每一行中的规则也通过它们所代表的制胜策略联系在一起，因此，除了以单一规则切入，你也可以从一组用于处理实验的规则（规则一、四和七），或者一组与控制核心冲突相关的行动规则（规则四、五和六）开始。

如果你的竞争对手已经超越了你，开始了第三阶段的自我重塑，你也许会想寻找一组规则。例如，通用电气对自身的积极定位是成为以数字化为中心的工业 4.0 领域的领导者。假如你是博世、西门子、波音、ABB 或三菱公司，你可能会有限考虑规则一、四和七，从而确保自己在生态系统中找到合适的位置，而这个生态系统将帮助你和其他公司进入平台和解决方案的领域。关注一组相关联的规则，这些规则能够马上改变你的公司所面临的一个重要的落后局面，这是一个决定性的起点。努力掌握那个阶段的所有规则或制胜策略，缩短你的转型过程，维持你的持续竞争力。

依次使用所有规则。 如果没有哪条规则表现得特别重要，或许你是一个喜欢看清全貌后再涉足的人。在这种情况下，先确定自己处于哪个阶段，选出该阶段中你明显感兴趣的规则，然后从那里出发。举例来说，如果你所处的行业并未完全掌握数字化的强大力量，但某些公司考虑得很远并在加速前进了，那么从规则一开始，然后依次选择剩下的规则。如果你是约翰·迪尔、孟山都或者农业领域的其他公司，你或许会选择这种方法。

同样的，你可能正处于迈向数字化的半途中，但你又希望系统地检视一下你所做的事情，以及如何才能在未来变得更加有策略。如果你是处于转型第二阶段的传统公司（如汽车行业的通用汽车、福特或本田），你或许会从规则四入手，对如何加强同盟关系进行评估，然后再使用其他规则——但别忘了回头再看看前三条规则。原因很简单：行动和交互是动态的。你面临着冲突，但这并不代表着所在行业的实验窗口已经关闭。在这种情况下，最佳切入点是熟悉所有规则，系统化地评估和运用你针对每条规则的策略。

不论从何处开始，无论选择一条规则还是所有规则，请记住，这些规则的重要性会随着时间的推移发生变化。你的公司、你所在行业，以及你的合作伙伴和竞争对手都不会静止不变，因此你采用这些规则的顺序也不是连续的，而是会随着时间变化。对于所有企业而言，这九条规则都是一样的，但从哪里切入，采用哪种顺序来组合规则，这正是你运用规则时与别人的不同之处。这是属于你自己的独一无二的规则手册。随着情况的改变，你可以随时对其进行定制和调整。你对这九条规则理解得越透彻，运用得越成功，在未来的数字化时代取得成功的概率就越大。

了解九条规则。当你查看这些规则时，首先想一想每条规则的总体意图。如果你对规则矩阵及制胜策略持续向下一阶段发展的想法比较陌生，那么了解每条规则的总体意图就非常重要。如果你对这些想法有一些了解，或者已经将它们付诸行动，那么你不仅要考虑自己的公司，还要考虑你的直接竞争对手会如何利用这些规则，他们是否更容易与数字巨头及科技型创业公司建立联系。如果是这样，你应该如何消除这一优势？到那时，你的竞争战略或许不会对每条规则作出直接响应，而是会观察全部九条规则，然后加强那些对你有利的规则。

规则一：评估你在实验生态系统中的作用

从一家以自我为中心的公司转变成一家欢迎和接纳生态系统中的互补者的公司，这是你在数字化转型过程中经历的重大转变之一。为了应用这一规则，选择一个或多个有助于你了解如何制定这类策略的生态系统。请注意，你在这个实验阶段所选择的生态系统不一定是你希望在其中扮演参与者或构建者角色的生态系统，而是或许将为讨论提供参考点的生态系统。在这个早期阶段，你的任务是观察，除非对你来说是一个高价值领域，否则你无须承担构建的压力。

举个例子，通用电气最开始十分关注脸书。它的目标是成为工业机械及系统的"平台与应用公司",或者成为工业领域的脸书。在这一目标下,通用电气首先考察了消费者互联网平台、社交网络平台和应用商店,目的是分析这些生态系统的进化方式。同样的,IBM的关注重点是区块链。在其"物联网"愿景中,区块链是一个"让交互设备之间的交易处理与协调变得更加便捷的框架"。作为一个所有人都能够查看,但任何用户都无法单独控制的、共享的、可信的公共分类账簿……只能根据严格的规则和总体协定对其进行修改。因此,区块链可用于提高安全性、保护隐私和确认身份,同时还可充当不同公司和行业的智能设备间签订的智能合约的一个构件。看看谁正在开始构建各种生态系统,了解一下有效的构建者带来了哪些让他们获得构建生态系统的权力的独特优势。

请注意,如果你没有参与任何新兴的数字化生态系统,这表明你只能遵从其他人制定的商业规则。这个决定必须经过适当的考虑,而不应当是默认,它应该被严肃对待。

规则一的行动指南

观察重要的数字化趋势的发展前景,尽早投资那些还未受到影响但看起来很有前途的领域。某项创新已经展现出发展前景了吗?如果是,你就应该投资。

广泛参与各种通用生态系统中的实验,寻求成为几个可能会为你带来高价值的领域的构建者。对你来说这是一个高价值领域吗？如果是，那就争当构建者，如果不是，就扮演参与者。

关注对你的商业模式构成挑战或与之互补的实验。这个领域会直接对你的业务构成威胁或形成互补吗？如果是，优先考虑。

为你公司正在从事的业务提供补充，包括收购。这个领域有助于能力共创吗？如果是，优先考虑。

规则二：探索共创能力方案

冲破不应该与竞争对手合作的传统思维，这是数字化转型之路的又一个重大转变。数字化时代是公司间复杂的动态互联。为了运用该规则，请选择你所在行业之外的一个或两个生态系统，观察传统竞争对手之间的互动行为。请注意，你在这个实验阶段所选择的生态系统可能不会为你的核心业务带来高价值，但或许会为讨论提供参考点。

在这个早期阶段，你的任务是观察，除非是一个高价值领域，否则你无须承担共创的压力。然后，请测试一下那种最有助于你通过加强现有能力和构建新能力来实现企业转型的合作，这些能力将帮助你解决客户问题，将你重塑以适应数字化时代。只要有可能，你就要在领导区域和共创区域进行能力建设。不要逃避合作竞争关系，学会灵活管理各种合作竞争关系，将为你带来竞争优势。

规则二的行动指南

全面检视行业外的领域，了解三类参与者共事后所诞生的能力与创新模式。豪雅表的合作模式——与某家数字巨头或科技型创业公司合作以提高自身数字化能力——是否适用于你的企业？如果是，探索你自己的合作方案。

考察一下未来可能发生的情况，选出对你当前行业最具可能性的方案，以及会让你的公司脱颖而出并让公司增值的方案。成为行业中首家拥有数字化产品和服务的公司会为你带来优势吗？与一家或多家公司合作能够增加你的数字化知识和能力吗？如果是，请与他人共创。

加入一些能够让你从被动观察者转换成主动参与者的实验。是否有一家公司——哪怕是传统竞争对手——能够与你形成彼此互利的关系？如果有，投资共同开发一项能够同时让两家公司增值的产品或服务。在合作中请保持创造力和创新力，将视野扩大到行业之外，或转变当前关系。

规则三：检视人才与机器的交叉领域

风险投资人彼得·泰尔（Peter Thiel）说过："当我们寻找使用计算机的新方法时，它们不仅仅在人类已经在做的事情上表现得更好，还帮助我们完成那些此前无法想象的事情。"为了运用这一规则，首先要留意那些正在重新定义效率和创新的智能技术。积极探索工作（扩展来说，还有自我组织）的下一个前沿领域，观察那些采用协作机器人工作的行业、数字巨头企业和实验，想想看你的企业应该如何构建工作任务，利用强大的机器最大限度地发挥人才的作用。为了达到学习和适应数字时代的目的，你要投资那些能够为公司带来高价值的实验。

举例来说，全球性投资银行高盛集团一直在尝试利用一个名为"Marquee"的内部软件平台来创建风险管理与分析工具。一款名为"SIMON"的应用程序可以帮助客户了解结构化投资和执行交易。随着注册用户的不断增加，Marquee 可以利用更多数据来调整它的精确度，为客户定制个性化的服务。最终的结果很可能是"高盛依然拥有银行的主打产品——贷款和投资——但……客户是否能拿到贷款将在更大程度上由软件决定，而过去一直由高盛银行家提供的服务则会越来越少"。请注意，这个规则不仅仅是要明确是否应该用机器人取代人类，还要明白这种转变对于生产力、创新和组织意味着什么。在这种情况下，Marquee 改变了服务的提供方式，使高盛变成了一家金融解决方案公司。

规则三的行动指南

评估如何主动利用自动化和功能强大的机器。不仅要让机器人和计算机承担那些无聊的重复性工作，还要吸引最优秀的人才不断扩大人类的可能边界。在高盛的 35 000 名员工中，高科技人才就有9000名。创建自己的数字化平台（内部独立创建或与人合作创建），将给你的客户和公司带来附加价值吗？更多高技能员工有助于你的企业扩大业务规模、业务范围和加快发展速度吗？如果可以，现在就投资吧！

通过寻找可以让机器人以各种方法放大人才优势的工作领域，让你的企业与众不同，创造更多价值。客户能够随时随地了解、定制你的产品和服务，实时得到有关产品和服务的问题的答复，这会让他受益吗？你的公司能够了解更多客户使用产品或服务的相关信息，让你获得更加直观的反馈，这会让你受益吗？如果可以，现在就投资吧！

让你的人力资源部门描绘出公司想引进的人才类型以及人才与机器的协作方式。成为"共享经济"的一部分，让你的团队和数据在公司内部广泛互联，并将专业知识放置在云端，保证能灵活、快速地进行转移，这会让你的组织结构和工作流程受益吗？如果可以，马上开始吧！

前面这三条规则侧重于检视和监督正在进行中的，处于传统行业及其他行业边缘的实验，开展你自己的实验以便找到企业未来的定位。你要确定自己在实验性生态系统的角色，描绘最有可能与三类公司中的合作伙伴一起从事的共创领域，以及企业在未来的人类与机器交叉领域的工作方式。在合理分配的资金的支持下，制定一个广泛的探索日程表，快速地从（你的

公司和其他公司的）错误和后续行动中总结经验，这样你就可
以从观察转向投资，继而为下一个阶段的数字化转型做好准备。
下面三条规则与数字化转型的第二阶段（核心冲突）有关。

规则四：将生态系统视为转型的触发器

大多数公司都意识不到何时需要转型。我认为，要想成功
从一家工业时代的企业转型为一家数字时代的企业，你必须从
企业内部开始转变（利用自身的内部能力），但要想加速前进，
就必须参与（和构建）各种生态系统（将新能力与外部合作伙
伴进行组合）。当传统技术与数字技术发生多层面（产品、流程、
服务和组织架构）冲突时，尤应如此。在这些层面上，任意一
家公司都无法独自获得所有必需的能力。生态系统使你了解转
型的本质，明确了你必须建立的核心能力，以及靠合作伙伴的
资源为你提供其他领域的支持。

举例来说，网飞正在构建一个多层次的视频流生态系统，
其中包括生产可在线升级的全套网飞设备的合作商（例如标有
"网飞推荐产品"的电视机），第三方设备（如苹果电视、Roku
盒子和 Chrmecast 电视棒等），全球有线电视与卫星电视运营商
的有线电视机顶盒，游戏主机（例如索尼 PS4、Xbox One 等），
蓝光播放器，个人计算机，智能手机和平板电脑。从财务的角
度看，网飞不可能生产所有这些硬件设备，于是它组建了一个
由硬件制造商组成的活跃社区。不仅如此，网飞构建的生态系

统还包括与全球领先的娱乐工作室和范围广泛的互联网服务提供商签订的内容供给协议，以此确保在不同宽带网速下的最佳观看体验。更重要的是，就像我们在第 7 章中提到的那样，网飞还与亚马逊在云技术方面开展合作。也就是说，网飞依靠生态系统来实现数字化转型的规模、范围和速度。

规则四的行动指南

学会理解生态系统的网络结构。了解谁才是位于网络中心的领导者，观察生态系统的结构是如何演变的。加入由传统企业和数字巨头组成的新兴网络有助于你理解和测试新的商业模式吗？如果是，那就加入吧。你是否看到了创建新生态系统，从而帮助你在业务转型过程中建立共存与转型的指导原则的机会呢？如果是，把你的注意力放到这里吧。

在企业内部建立一个负责创新和孵化新创意的独立业务单元。专门给员工提出数字化创意留出时间、资金和权力，这样做能帮助公司加快数字化转型并更加专心地参与各种生态系统吗？如果是，这种共存方式就是有意义的。

检视你在生态系统中的作用（构建者还是参与者），加速你的数字化转型进程。与他人在新数字技术项目上开展合作有助你加快获得技术知识和能力吗？围绕你开展的独立实验构建生态系统会让你获得转型所需的规模、范围或速度吗？如果是，就将你的注意力转向这个方向吧。

规则五：明确你的优先合作关系

与许多公司一样，你很可能也有一套原则，以指导你与供应链合作伙伴、合同制造商和营销公司之间的关系。但那些将目光着眼于未来的人，比如风险投资人或联合专利申请人可能会更加特别，他们在构建和管理合作关系时将这些关系视为一个金融投资组合。选择出那些可以让你具备必要能力的合作关系，通过这种方式明确你作为参与者或构建者的角色定位，根据条件的变化对不同的合作关系进行再平衡和优先排序。

以康宁公司（Corning Inc.）为例。这家工业玻璃与陶瓷制造企业打算通过植入传感器，将其生产的玻璃产品转型为精密的电子设备。为实现这个目标，康宁公司深化了与三星公司的合作关系，三星公司开始向康宁公司采购其手机和平板电脑上使用的玻璃制品。此外，康宁还股权投资了硅谷先驱企业 View, Inc.，View, Inc. 致力于采用创新的智能方法调节从外部玻璃表面进入室内的热量和光线。这两家公司是一种优先合作关系：三星为的是与当前的商业模式共存，View, Inc. 则可以改变其核心业务，为未来的玻璃时代做好准备。康宁的业务转型能力，以及成为数字化业务上真正的高价值参与者的能力，将取决于这种合作关系。

规则五的行动指南

选择一组有助于指导你从传统企业转向数字企业的优先

关系。与一个或两个目标合作伙伴建立紧密合作关系，这能让你最大化当前商业模式，加速数字化转型能够让你获得脱颖而出或创造新价值的专业知识吗？如果可以，现在就去接洽它们，与其建立合作关系并最大限度地发挥其作用。

定期调整你的关系组合。某些合作关系存在的时间是否比其创造价值的时间更长？其他正在进行中的关系是否占用了你更多时间？如果是，主动调整你的优先关系，实现规模、范围和速度上的目标与业务转型。

在培育生态系统中能够帮助你实现数字化目标的新合作关系的同时，维持你当前的共创关系。在不同行业构建新伙伴关系是否有助于实现更广泛的共创，更好地规划你的行动，或者让你更容易管理各种伙伴关系？如果是，与当前的合作伙伴共存，并用新的合作关系实现业务转型。

规则六：用强大的机器增强人才的作用

对当前或不久的将来的大多数企业来说，如果说有一个值得认真探讨和争论的数字化商业转型规则，那就是规则六。组织的不同部门过去曾进行过有关技术的讨论，但要想取得成功，必须后退一步，看清构成智能机器前沿领域的整套工具，制定一套采纳工具并让其适应你工作方式的路线图。不仅如此，还要思考未来你需要雇用的人才类型。

举个例子，贝宝将深度学习的"调查式方法"与人类专业知识相结合，用于打击欺诈行为并获得利润。目前，这一功能已经被许多非常成功的科技创业公司所采用，例如专注于为客户（如中央情报局和联邦调查局）提供大数据分析的软件与服务的帕拉提尔技术公司，以及石油与天然气公司、健康与生命科学公司和金融服务公司。通过机器学习和人工智能的持续应用，数字巨头公司凭借生产力的提升站到了时代的前列，对话机器人与认知计算也正在成为主流。利用这条规则取得成功的关键不仅是将这些技术覆盖到传统企业，还要从根本上充实工作流程和工作团队，将其进行整合，引入更多共享机制，将计算机和人才用到最合适的地方。

规则六的行动指南

通过强大技术和人类技能并举，建立不同的专业领域，而不仅仅是从卖方处购买最好的技术。让你的员工和所有的数字化系统专注于解决一个重大难题能够加速你的数字化转型进程吗？能够让你为客户创造价值，为员工提供新机遇吗？如果可以，就去投资这些领域，实现你的业务转型。

开发并不断改善"人类＋机器"组合，使它为你的企业和工作流程增加差异化价值的领域。一个高度整合的组织和技术流程能够让你在构建生态系统、共同创新的同时为客户带来价值吗？它能够让你清晰地表述你的未来行动吗？如果可以，请在这个方面发力。

把你的目光投向即将产生重大影响的领域。将聪明的人与机器学习结合起来能让你更好地分析和解读数据，利用数据进行更加深入和微妙的创新，更快速、更个性化地重新定义你的产品、服务和解决方案吗？如果是，那就马上行动吧。

规则四至六关注的是在商业模式发生冲突的阶段如何管理企业合作关系。传统企业面临的重大挑战是如何与数字化长久共存，同时准备转变商业基础构架、平台和生态系统。最后三条规则适用于转型的第三阶段。

规则七：设计你的新数字化生态系统

在数字化生态系统中，制造商推动着平台和解决方案的形成，消费者牵引着它的发展，而产品和服务被连接于其上。在企业重塑的深度不确定阶段，你必须明白，采用最能够让你获胜的商业原则，明确阐述你所能构建的相关生态系统（以及哪些能力可以帮你做到这一点）和你所能参与的互补生态系统，然后再行动。但请继续检视新机遇（威胁），继续适应新技术、新客户需求，以及未来的创新构想。

作为向数字化工业企业转型的一部分，通用电气围绕着其Predix软件平台设计了一个生态系统，该平台可以对来自工业机器的 5000 多万个数据元素进行监控，从而将停工时间降至最小，同时实现效率的最大化。从这个意义上说，通用电气是工业互联网阵营的创始成员，它将埃森哲咨询公司、沃达丰、Pivotal、美国电话电报公司及思科等不同的合作者整合到一起。通过构建这个生态系统，通用电气将自己定位为工业数据规模的领导者。通过将照明、供水、航空、采矿、油气、保健医疗，以及运输行业的传统企业引入进来，共同构成了这个生态系统。通用电气还可以让这个生态系统实现指数级别的增长，并为它的合作伙伴创造更大价值。通用电气公司还将继续发展必要的能力，利用不断扩大的合作伙伴联盟来确保其在 2025 年乃至今后的成功地位。

规则七的行动指南

大范围搜索各类企业并与它们开展合作，利用数字技术为各经济部门和社会找出可以被解决的问题。与行业内外的三类企业一起构建生态系统有助于你为传统客户或其他人解决重大棘手问题吗？这么做能让你抓住新价值，产生更多收益，扩大你的产品规模、范围和速度，以及实现整个企业的转型吗？如果可以，就去做吧。这是你的目标。

作为解决方案生态系统的一部分，将你的产品与服务在企业多个层面上与不同类型平台上的商品和服务进行连接。在企业内更多层面上与其他企业建立联系可以帮助你进行业务转型并获取更大利润吗？如果可以，那还等什么呢？

不断对你的产品和服务进行微调，确保你的合作伙伴和客户的需求得到满足。巩固你作为受尊敬的构建者的地位是否有助你为客户和社会带来持续创新和价值？用这种方式来计划你的行动能否帮助你保持灵活性，留住优秀人才，确保你在数字时代的领先地位？如果可以，那就动手吧。

规则八：与首选合作伙伴共创新商业能力

在我分析过的所有数字化商业模式中，所有的领先者都与通常被称为"竞争对手"的他人一起创造了新的能力。他们很清楚，在一个瞬息万变的世界，没有人能靠单打独斗来获得发展新能力所需的资源，通过共同创造还能大大地化解风险。请记住，你的首选合作伙伴不是静态的：始终留意其他的新机会，随时与那些无法通过共创提供价值的合作伙伴说再见。

2016 年 6 月，宝马公司宣布与英特尔和 Mobileye（一家以色列的科技创业公司，最初与特斯拉建立联盟关系，后来又加入这个方案）合作开发一个名为 BMW iNEXT 的全自动无人驾驶汽车平台。这个三方合作方案完全符合数字化矩阵中所强调的三类企业：该方案结合了宝马在汽车行业的专业知识，英特尔在计算机系统和电子设计方面的专业技术，以及 Mobileye 在研发车载摄像头传感器方面的经验。其目的在于建立一个可以与其他汽车制造商共享的平台，通过许可协议或其他交易来创造利润，获得新能力。

规则八的行动指南

广泛探索其他行业利用强大的生态系统进行重塑并适应数字化时代的方法。构建者是否提供指标帮助你构建或解决问题？如果是，请开始在你的行业中构建类似的生态系统。

了解那些能够为你的重塑奠定基础的首选合作关系。你是否拥有一组首选合作关系，可以为你带来互补能力，实现你作为关键问题的解决者和解决方案提供商的角色定位？如果是，那还等什么？

明确首选合作关系会不断演化，以反映市场动态的变化，以及驾驭这些关系所需的能力转变。是否有其他具有新能力的合作伙伴，能与你为生态系统所作贡献进行互补？是否有新的共创机遇？如果是，调整你的合作关系组合，改进你的首选合作名单，将那些能够帮你构建和解决问题的合作伙伴纳入进来。

规则九：将计算机与人力资本结合起来实现差异化

数字化不仅关系广告、应用程序和自动化，还在于将计算机科学放在商业结构的核心位置。因此，最后一条规则就是找到与机器协同工作的最佳人才。不是在预先设想好的人才目录中去寻找，而是要找出能够解决工业、经济和社会核心问题的创新办法。所有组织都将成为人才的"吸铁石"，不仅要执行，还要开拓；不仅要实施，还要创造与创新。这是"机器 + 人才"协同工作、持续共存、共同创新的前沿地带。它将改变你的投资方向和人才选择标准，改变你的专利内容和能力创建方式。

我要再谈一下为何你必须留意数字巨头企业的一举一动。所有数字巨头企业都在利用聪明的人才和强大的机器推进它们的数字化边界。亚马逊的云技术、无人机、对话机器人（Alexa）和仓库机器人；微软的情感计算和对话机器人；苹果的对话机器人（Siri）和无人驾驶汽车；Alphabet 的 DeepMind 和人工智能推动的搜索与广告技术，以及医疗保健和交通；IBM 的沃森系统，以及为医疗保健和其他行业寻求新解决方案的人工智能；脸书的社交互动人工智能技术和会话商务。通过利用强大机器的方式，数字巨头把自己与其他 IT 企业区分开来。在我们重塑人类和计算机所作贡献的时候，数字巨头将为就业给出一个全新的定义。

正如彼得·泰尔所说："未来数十年，每一个健全的人都还有机会为建立一个更加美好的世界作贡献。"在你进行下一阶段的重塑过程时，如何使用这条规则将决定组织的核心。

规则九的行动指南

主动了解计算机与人类在不同场景中解决问题时的互动方式。这些做法为你的重塑工作提供了任何相关的有价值的指标吗？如果有，利用这种放大效应，这样你就不怕在后来的生态系统中落后于人了。

　　了解如何利用放大效应让你成为生态系统的构建者。当你只是这个生态系统的参与者时，你能够利用机器学习、算法和分析来重购生态系统吗？如果可以，把合成智慧变成你的优势，抓住机会成为解决重大棘手问题的领导者。

　　规则七到九侧重于梳理你的合作关系，并利用这种关系和技术重塑你的商业机构和组织结构，并最终解决社会中的各种问题。你的目标是让你的企业变得与众不同，创造新的价值，在全面的数字化时代与其他企业展开竞争。

讲述你的精彩故事

　　不同行业和地区的竞争环境各不相同，因此，上述九条规则不一定适用于所有公司，但了解这九条规则并理解它们所发挥的作用和地位是非常重要的。不管你的切入点是什么，你早晚都会用到这些规则，或者与正在使用这些规则的企业展开竞争，因为所有公司的终极目标只有一个：通过运用相关规则，建立一个合情合理的转型路线图，从而重塑企业，以适应数字化时代的要求。

　　这些规则有助于你开展针对性的行动。第一阶段，在与你相关的潜力领域尝试观察和确定准确的投资水平。第二阶段，与传统企业和数字企业共存，更重要的是，以何种具体的规模、范围和速度转变你的核心业务，以确保在关键的转型窗口不落于人后。第三阶段：你的行业在各行业交叉地带的生态系统中如何定位，解决重大棘手问题的其他方式如何对你的地位构成挑战。

例如，在无人驾驶和自动化交通时代，保险的作用是什么？在用无人机提供互联服务的时代，移动运营商的作用是什么？当我们用数字技术来解决问题时，问题的领域发生了变化，可能的解决方案也发生了变化，传统的能力就会被边缘化。

这些规则还可以帮你讲述自己的精彩故事，描绘数字技术可能解决的棘手问题，以及数字技术对企业未来的重大意义。这些信息正是你希望向你的组织传达的东西——未来的机遇和挑战，以及更重要的——你寻求的差异化和为客户提供价值的方式。为了与数字巨头、科技创业公司和你所在行业的传统公司有所不同，你还希望确定所需的投资水平。强调你可以在何处，以何种方式为客户提供差异化价值，就能清晰地传达出你的信息。

马上行动！

每家公司都要面对自己独一无二的数字化拐点。过去的商业模式开始变得低效，数字技术带来的新方向和选择令人生畏，灵活敏捷的数字化创业公司让人胆怯。但是这个时点所作出的决策是非常重要的，因为它们决定着你未来的收益和选择。柯达、诺基亚、黑莓和索尼在面对这些拐点时，要么视而不见，要么无法适应。我认为还有更多的公司将会错失数字化转型的窗口。

数字化矩阵将数字化视为一个持续不断的进化过程，它影响着经济、行业和社会中问题构建和问题解决的重要程度，创建和重建公司的方式，设计和重塑组织以便为消费者提供更大价值的方式。工业革命既不是一个时间点，也不是某个行业或某个地区的一项技术，同样，数字化在 21 世纪及未来也会拥有更加深远的全球影响力。底线是，现在开启数字化转型进程并不算晚，但转型速度需要加快，无动于衷的代价很快就会变得非常昂贵，不如现在就开始勇敢尝试吧。

明确长期目标。 考察一下你的企业已经实施的方案。这些方案足够全面吗？如何对这些方案加以完善？数字化矩阵和规则矩阵可以帮助你将长期目标与当前的能力进行匹配，让你知道下一步该采取什么行动。举个例子，法国雅高酒店集团利用数据和系统创立多个针对客户、员工和合作伙伴的数字化酒店管理项目。

在你看来，该集团应该采取哪些后续行动？用强大的机器放大人才的作用是否能提升公司共同创新能力，为客户创造新价值？构建一个或者多个酒店管理生态系统是否能提高公司的内部效率和客户服务质量，从而扩大该项目的影响范围？两者都是十分有效的建议，但是其中一个建议就能更合理地拓展公司在三个转型阶段、三种类型的公司，以及三种制胜策略的交叉地带的地位。

同样地，西门子宣布设立下一个 47 部门，致力于用颠覆性构想加快新数字化技术的研发。对于西门子的长期战略创新而言，怎样的具体行动才是最有意义的？西门子应该发展特定的数字化系统以便选择新的发展方向吗？两者都是合理的建议，但其中只有一种更符合西门子当前所处的环境。重点在于你可以在任何一家公司、任何一个行业，以及全球的任何一个角落，你将找到引用这九条规则的方法，通过快速迭代来获得优势。在做这件事情的时候，你要比竞争对手和合作者更加老练才能取得成功。

思考新的制胜策略。我们不应忽略出现另一种制胜策略的可能性。这个策略可能关注的是安全、隐私或识别等领域。这三个领域正在变得越来越重要，值得我们分别对其进行广泛的讨论。一个制胜策略必须对你的数字化转型方向构成真正的挑战，为你从规模、范围和速度层面重塑商业模式提供新的见解。这三个阶段经久不衰，持续演变。现有的三个制胜策略都是重要的商业规则，对具体技术领域的更多关注能为这些商业规则提供支持。目前的指挥中心有九个网格，但未来的指挥中心可能会有十二个甚至更多网格。

我再说一次，没有一种放之四海而皆准的数字化商业理论，也没有什么实现转型的最佳路线。但数字化是企业战略日程表上最重要的一项内容。或许你在公司的某些部门已经开始了数字化转型，现在你需要的就是协调这些碎片化的方案。

动员公司进行数字化转型

企业在关键转折点失败的历史案例不胜枚举。过去的成功和及时转型无法确保你能够选中正确的适应窗口，在未来获得成功；对有效领导力原则了如指掌也不能保证你可以将它们付诸实践。对实验进行投资，解读实验结果，确定何时改变方向，让其他人参与必要的变革，这些都需要人们正确的组合。聪明的人类＋规则矩阵是你在数字化时代获得成功的关键。

但是，企业转型最终是一个合作行为，是志趣相投的专业人士为了一个共同目的而展开的行动。你必须满怀激情地开始转型，然后邀请和动员其他人加入到转型的过程中来。

组建数字化领导力团队

成功法则非常简单：强大的领导力＋多元化、技能熟练和充满好奇的团队，以促成改变的发生。

诚招：具有指导变革的科学思维的管理者

公司的领导者采纳和处理五条自适应原则的方式，为公司如何执行新的规则手册提供了很好的线索。第一，你需要具有好奇心和渴望改变的管理人员（或者向已故英特尔首席执行官安迪·格鲁夫有关利用危机点的书籍名称一样：只有偏执狂才能生存）。第二，领导者应接受实验是发现更深层见解的系统化

271

方式这一观点（即便要付出的代价是迅速失败）。第三，领导者要将实验与行动联系起来，并为其分配真正的资源。第四，你希望领导者将自适应能力与行业内其他企业进行对标，之后再与数字巨头和科技创业公司进行对标。第五，你希望管理者用各种机制来不断调整实验组合，从而通过实验了解和影响他们的战略方向。只有用行动才能证明公司的适应能力。你愿意用案例来说服吗？

一个高效率的领导者必须了解价值创造和价值捕获理论。对数字化而言，这种理论是动态和快速演变的。你必须具备一种好奇、迫切的科学心态，准备好开拓新的可能性，以及发现新的模式和替代方案。

这并不意味着你必须成为一个具有管理学高级学位的管理专家。相反，你需要：

▲ 了解新兴的数字化商业趋势，连点成线，将不同的点串成一条统一的前进道路；

▲ 将这种理论转化为对数字化商业转型的资源再分配；

▲ 与组织中的其他人合作，不断评估优先事项，改进你的规则手册，努力执行这些规则。

实际上，每一个行业、公司都非常需要这种领导者。你是这样的领导者吗？你能成为这样的领导者吗？

急招：拥有互补观点的多元化团队

仅仅靠提升数字业务技能或能力是不够的，你还必须行动起来。行动意味着要组建领导团队，团队中的成员要像你一样对数字化的未来充满激情，同时他们也对缺乏应付数字化转型的实质性和协作性方法而感到懊恼。他们是你的战友，你的数字化梦之队由梦想家、设计师、怀疑论者和实干家所组成。

数字化领导团队＝梦想家＋设计师＋怀疑论者＋实干家

总体来说，他们代表着不同的观点，但同时都怀有同一个梦想。他们不一定是独立的个人，但你必须保证这个团队包括以下四种性格互补的成员：梦想家的疯狂构想需要设计师的素质来将其转化成不同的实验；怀疑论者要确保这些构想具有投资价值和商业可行性；实干家的任务是搭建必要的组织和生态系统，以便规模化地执行这些构想。组建团队时，要找到以下四种性格的人：

1. 他们有着令人敬佩的专业知识与技能，但同时又尊重别人的看法，对其他领域怀有好奇心。他们能将知识的多样性带入团队中。

2. 他们有着深刻的信念和坚定的看法，但被数据和分

273

析说服了。这些人相信团队提出的建议。

3. 他们在战略项目上有着傲人的成功记录。这些人将赋予方案更高的高度。

4. 他们怀有尊重历史的自信，但也随时准备好挑战正统和现状。这些人会为团队带来新鲜的见解。

整个团队坚信，未来并非过去的线性延伸。这些领导者看到了数字化的力量，并且对于处理不可避免的模糊性怀有同样的信心。他们不会被框架打动，但合理的见解能将其说服。他们同时还被如何构建问题，以及如何为具体问题提供支持所吸引。更重要的是，他们是公司的数字领导力团队，对从构想到实施的整个过程负责。

从规则矩阵出发，踏上数字化转型的旅程吧。

使用规则矩阵的三个步骤

通过简单的三个步骤就能将这些规则应用于你的公司。一旦组建好数字化领导团队，你就要让团队系统化地完成这个规则矩阵。最好的方法是让每个人独立完成这项工作，然后进行对比。

图 10.2 是为每条规则提供的模板，它可以计算出三种价值——重要性、熟练程度和差值。它可以助你追踪答案，确定优先事项。

数字化矩阵		边缘实验	核心冲突	根基重塑
构建和参与				
构建和参与				
人机协作				
重要性			熟练程度	
差值				

图 10.2　你的数字化商业规则手册

第一步：评估商业规则的重要性

在 0 分（不重要）至 10 分（极其重要）的范围内为每条规则打分。举个例子，假如你在早期就留意并尝试了自动化技术，但远远还没有达到付诸实施的地步，你就有可能为规则三打 4 分；如果你预见到放大效应将会成为第二阶段商业模式转型的一个重要战略，你可能会给规则六打 7 分；你可能给规则九打 10 分，因为你相信当公司在第三阶段努力用数字业务来建立一个坚强基础时，增强效应将变得非常重要。这些分数是你根据优先程度进行的判断。

依次给九条规则打分，在考虑每条策略的过程中填完每个网格。一旦为每条规则赋值以后，检查一下得分，然后根据公司目前的重要性情况对分数进行调整。

第二步：用今天的规则评价你的熟练程度

评估公司掌握和执行每条规则的熟练程度，然后往前看。在0分（不熟练）至10分（极其熟练）的范围内为每条规则打分。这并非一个绝对的标准。参照其他竞争对手来为你公司的熟练程度打分。使用下列标准：

▲ 0～4分：熟练程度不如行业内的传统企业

▲ 5～8分：熟练程度与其他企业持平（包括三种类型的企业）

▲ 9～10分：熟练程度领先其他企业（三种类型的企业）

再一次依次给九条规则打分，在考虑每条策略的过程中填完每个网格，检查一下得分，然后根据公司目前的情况对分数进行调整。

第三步：计算你的重要性——熟练程度差值

这是最重要的一部分：将每条规则的重要性得分减去熟练程度得分。

重要性 − 熟练程度 = 差值

你可能会得到负分，但这是完全可以接受的。计算差值后，按照得分从高到底对规则进行排序。这就是你在数字化商业转型中的优先事项列表。你应该对排在前面的规则给予格外关注。

观察规则矩阵中的九个网格，看看你应该在何时，对哪些网格给予更多关注。利用这些规则，你可以如实、客观地评价你的熟练程度。例如，你真的可以在第二阶段成功构建重要性生态系统，或者在进入第三阶段的时候重新设计公司的人机关系前沿领域吗？

你所计算出的差值正是你作为管理者得出的判断。管理者非常希望看到企业取得成功。但你并不孤单，你的组织中还有许多与你一样的人。现在我们也把他们加入进来。

测试你的结果

现在你已经得到了你的优先事项，可以与数字化领导力团队中的同事讨论优先事项。尽管你是重要的改革代理人，但你只是组织中的一名成员，你的想法也只是其中的一种观点。你的同事或许对数字化的前景和陷阱持有不同的假设和看法。通过正式或非正式的方式对比一下你的优先事项在哪些方面强于其他人。

把你排名在 3～5 位的规则与团队的答案进行对比。团队与你最大的不同是什么？试着了解哪些基本假设和观点造成了这种不同。

你在熟练程度方面排名在 3～5 位的规则是什么？是否存在广泛的共识？如果你的评估存在很大差异，试着了解造成差异的根本假设和观点。

排名前 3 的差值是多少？留意差值最大的规则，制定行动以缩小这种差距。这是使用规则手册的第一步。

即便你有权实施转型任务，出于两个考虑，参考其他人的建议也有必要。首先，了解其他人对这九条规则的重要性评价与差值的程度很有帮助；其次，你无法仅依靠自己完成公司转型，你需要一批转型代理人。如果你无法依靠自身来影响变革，那么你必须获得来自他人的支持，这种支持或许是你踏上转型之路所需要的。作为一个团队，你们现在的一致目标就是未来。你的工作就是让团队摆脱旧有思维，面向数字化的未来，你是公司获得成功的关键。

数字化领导力团队是你实施转型的一股力量。他们不是坐在桌前的特别委员会，而是未来的领导团队。解除对现有领导者和新规则手册（基于集体假设、经验、志向和分析的战略眼光）的约束，自信地引导你抵达数字化的未来时代。我希望你看到了潜力和希望。时不我待，已经没有任何迟疑的借口。

你必须担任领导角色

甘地有句名言："欲变世界，先变其身。"你能看到目前供职的公司的未来吗？如果答案是否定的，赶快另谋高就，找一家人才结构和公司愿景与你更加匹配的公司。如果答案是肯定的，马上行动起来。组织面临的最大挑战是最富激情和活力的员工无话可说。

两个选项。第一个是等待高层管理者宣布数字化非常重要，因此要推出一系列数字化转型方案，然后告诉你应该在其中发挥什么作用。第二个就是主动承担领导责任，从组织的中层开始改革，成为改革的代理人和数字化转型的先锋人物。

你不必像斯蒂芬·埃洛普（Stephen Elop）写下诺基亚201116 号备忘录一样，创建一个强大的"燃烧平台"备忘录（这类备忘录措辞严厉，通常有点马后炮的意味，还容易招致非难）。你只需说服和你志趣相投的人加入你的团队。酌情用数据、分析和技术原型打消他们的疑虑，根据具体情况在各个职能部门、分部和区域之间搭建桥梁，找出可能的能力中心。

你或许会问：我要从哪里着手？我建议从数字化矩阵开始，全面思考其中的九个网格，然后对九条规则给出自己的评价。给规则的重要性及自身组织能力评价打分，召集一个由同事组成的团队，让他们也各自评价，有些人的评价或许与你的高度吻合。尽管得分存在很小差距，但我可以确定，就你公司的数

279

字化转型路线图而言，总体看法是高度一致的。

以下是采取进一步措施的方法。

1. 从最高层管理团队中找出一个领头人，他的视野和观念与你相同，可以为你提供支持和帮助。

2. 采用九条规则开展一次内部调查，通过尽可能多的员工来为公司"把脉"，看看出现了哪些新模式？

3. 利用调查结果制定"行动纲领"备忘录。强调不采取行动（维持现状）的代价；强调行动迟缓（响应不及时，态度不认真）的代价；说明风险；与弱信号建立联系；指出影响和制定建设性指导方针。

4. 确定你能够开启转型行动的领域，找到其他愿意与你一起并肩作战的同事。

5. 从小处着手，开展实验并迭代，展示前面的道路。

改革代理人绝不等待指令。他们抓住机会，因为他们知道机会的重要性，对紧迫性也有敏锐的感觉。他们还懂得，这些转型项目不是对角色和责任的小规模调整，而将对顶线增长和底线利润带来根本性影响。

你不能为了改变而改变。你实施改革是为了领导公司走上成功的转型之路。你要将自己视为未来公司领导团队的一员。

我带着两个目的写作本书。第一个目的是教育和指导这一代经理人用系统化的方式思考数字化的未来，而不仅仅是将各种技术美化成重大转型的驱动力量。这反映出我作为一个学者和教育工作者的诉求。第二个目的是敦促部分读者在数字化商业转型过程中积极发挥建设性作用。这是今天的企业面临的最大挑战。那些看不到转型的力量的企业，将以我们至今从未见过的方式瓦解和变形。因此，我希望你努力成为转型过程的领导者。这是作为一个顾问的呼声。

本地数字新闻媒体《石英》的主编凯文·德兰尼（Kevin Delaney）曾经说过："我认为没有人应该把'战略'一词放在他们的职业头衔中。"我对此表示认同，因为战略与执行之间没什么不同，在员工头衔中安排战略性任务的做法剥夺了其他人的行动权利。这类头衔为某些人营造了一种高人一等的地位，而剥夺了另一些人用数字技术的力量寻求各种方法的权利。我坚信，到 2025 年，我们在说到功能、流程、商业模式和行业的时候，将不会存在数字与非数字的差异。

不论你从事什么职业，也不论你的职能、业务范围和级别是什么，你都有机会在公司的数字化转型过程中发挥重要作用。只要对利用新兴技术的力量充满热情，怀有带领公司顺利跨过转折点的远大目标，你就能发挥作用。我希望你可以做到，也希望这本书能为你的成功提供一点小小的帮助。

≫ 延伸阅读

用大数据撬起全新金融模式，万达如何做到？

作为一个多业态、多场景的实体帝国，万达拥有丰富、多维度的线下数据，这些线下数据聚集在万达的自有会员体系之内，掌控度极高，形成了独特的大数据资源。

在当今大数据市场，占据不到 20% 份额的线上数据成为主要的兵家争夺之地，是 BAT 等互联网平台公司提供线上消费金融服务的重要武器；而占据超过 80% 份额的线下数据由于数据分散，风控能力不足等原因，众多企业因而很少介入到这一蓝海。

万达贷借助万达集团先进的互联网安全技术和大数据技术，综合考虑用户的信用风险、支付习惯、消费情况等，客户只需提供最基本的个人信息（包括身份证号、借记卡、手机号、住址等），它就能利用数据库中已有的历史消费情况数据进行审批，并结合客户申请流程中的行为动作习惯，通过关键字匹配、信息交叉验证、风险建模等技术手段，对客户进行画像及违约概率分析，以授予相应额度，真正实现从封闭走向开放式获客。整个服务完全依托于大数据，既有效控制了风险，又保证了客户信息安全，大大提升了用户体验。

万达贷这种依托于大数据的风控技术对多维度、大量数据的智能处理，以及批量标准化的执行流程，实现了以实体＋大数据＋互联网＋金融的创新模式来引领行业变革，对于传统企业的信息化转型有很强的示范意义。

DIGITAL MATRIX **致 谢**

　　"写作是一件孤独的事情，但没有他人的帮助，这本书也不可能写成。"以这样的陈词滥调开场实在毫无新意，但对我而言，这是事实。作为唯一作者，我在许多管理学期刊上发表过学术论文和文章，但这本书是我为职业经理人写作的第一本书籍。

　　我在本书中呈现的观点受到过去 30 年里学术研究的影响，其中许多科研项目是与我的同事和以前的博士生合作开展的。毫无疑问，这种合作对我的观点的形成和打磨是大有帮助的。此外，我拥有无数向在职经理人和准经理人（我的 MBA 学员）传达和解读我的研究成果的机会，这一点对本书的帮助也很大。

　　我的职业生涯有一个特点，即在数字化商业策略这个广阔背景下研究学术与教学的互相影响。参加工作之初，我很幸运地参与了 20 世纪 90 年代末由麻省理工学院教授斯柯特·莫顿主导的管理学研究项目。在莫顿教授及已故的杰克·洛卡特(Jack Rockart)的指导下,我走上了管理学研究之路,对此我深怀感激。后来,我有机会以学术专家的身份将这些新兴的研究成果和框架运用到管理分析中心(MAC)集团开展的咨询项目中(后来先后更名为 Gemini Consulting、Index Group 和 CSC/Index)。

十五年过去了,我有许多机会向全球各地的公司展示和测试我的想法:伦敦和约翰内斯堡的高层管理论坛;荷兰银行、英国石油公司、英国电信、爱立信、默克公司、波士顿儿童医院、凯萨医疗机构、特易购韩国"家+"超市、联邦快递布鲁塞尔分公司、巴黎欧莱雅、斯里兰卡 MAS,以及新泽西州的公司内部研讨会;牛津大学和波士顿大学的 IBM 公司活动;IBM 在巴西、迪拜和巴黎的客户团队研讨会;联合国赞助的利雅得、文莱和多哈研讨会;在哈佛商学院、麻省理工学院斯隆管理学院、伦敦商学院、欧洲工商管理学院和坦桑尼亚的纳尔逊·曼德拉非洲科学技术研究所;我的母校加尔各答印度管理学院和波士顿大学举办的校友活动。

几乎每一次活动结束后,总有人问我近期是否会出版有关主题的论著,我总是回答说有出书的计划,但没有明确的时间表。现在,这本书终于出版了。它用文字,而不是幻灯片总结了我的学术思想。

多年来,有几个极具专业水准的合作项目对我的学术思想的形成功不可没。对它们视而不见是有失疏忽的。过去三十年来，我与约翰·C.亨德森保持着重要而珍贵的合作与友谊。从20世纪80年代末我们在麻省理工学院的战略一致性模型领域开展合作开始，一直到今天在波士顿大学共事，他始终鼓励和激励着我超越平庸思维。与他共事的这段时光对我在本书中提出的这些思想的形成起到了很大帮助，尤其是生态系统中的同盟与合作关系（包括能力共创）。

我很享受与波士顿大学奎斯特罗姆商学院的纳林·库拉蒂拉卡一起互动与合作的过程。多年来，我与他一道出席了商学院EMBA项目的多次活动和教学课程。此外，他还帮助我完善了我的学术思想。他的探究精神，以及对与金融相关的各方面（特别是将风险、方案和价值视为战略性资源配置的重要框架）的观察力对我的工作帮助很大。我与约翰和纳林之间的三方合作使我在波士顿大学的学术生涯令人难忘、收获颇丰。最近，刚刚卸任奎斯特罗姆商学院高级副院长的迈克尔·劳森为促成上述合作和学习项目，提供了良好的科研环境。最后，我与巴拉·艾耶（此前在波士顿大学，现在在巴布森学院共事），以及我在波士顿大学的博士生李希永（现在在乔治·梅森大学）的合作经历，也对我有关商业网络和生态系统中竞争关系（第6、7章）的研究起到了推动作用。

除了学术界以外，还有必要特别提到另外几次专业合作。乔·古尔冈是20世纪90年代初双子星顾问公司IT战略实践的先锋人物，他看到了五级商业转型逻辑和战略一致性模型的作用和价值。我的思想得益于多年来与他的合作。最近，我还担任了他在巴黎的 Canal+ 项目全球顾问委员会委员的职务。我有关边缘实验的某些思想就源自其间一些会议中的初步讨论。我与瑞克·查韦斯的合作关系始于 20 世纪 90 年代并一直持续到现在。在互联网泡沫时期，我曾担任他的 Viant 互联网战略公司顾问委员会委员，这段经历让我看到了网络推动商业战略转型的强大力量。在他提出把需求作为数字化商业的驱动力这一有力看法时，我们依然在一起学习。

　　当然，在多个论坛上的一些讨论促成了本书第 6 章有关重塑的思想。现供职于默克公司 IT 部门的吉姆·奇列洛（此前曾供职于朗讯科技公司）看到了约翰、纳林和我在 2001 年早期提出的有关行业、市场，以及企业和市场的互补理论。他还创建了波士顿大学动态经济学领导力研究所（BUILDE），专注于移动技术的作用的研究。我对于不同网络作为新商业模式和组织逻辑驱动力的研究兴趣正是始于该研究所。他还将一些想法运用到默克公司的实际工作中，为我们的一些实验性观点提供了很好的意见。正如我在本书中提到的，我认为保健医疗行业正处于深度数字化转型的风口浪尖。

　　在未来的工作中，我将对保健医疗行业给予更多关注，将数字化矩阵延伸开来。史蒂夫·纽曼最近刚刚卸任爱立信行政发展总监，他见证了我的思想从 2000 年直至今日的完善过程，因为我每年都会邀请爱立信的年度优秀经理人思考数字化技术的影响，以及数字化技术对于爱立信及其客户的重要性。他阅读了本书的初稿，并为本书提供了许多宝贵建议。从上世纪90年代供职于莲花研究所开始直至现在，波士顿儿童医院学习部主任克里斯·纽维尔也见证了我的思想演变过程，他帮助我完善了这些想法，让这些想法更加切合实际，也让更多人知道了我的观点。

这本书是我在奎斯特罗姆商学院讲授 IT 战略硕士研究生课程的副产品。过去 4 年来，我们在那里探究了数字巨头企业对不同行业的战略与行动的影响。我从我的学生那里学到了很多东西。该课程经过几次迭代后，这些想法逐渐完善起来，我希望昔日的学生（现在的经理人）能够看到这些整合到数字化矩阵中的完整思想。

为职业经理人写书是一件令人心生胆怯的事情，尤其是在今天这个崇尚简单易用的时代。对于一个大多数时候只向学术期刊生命树（*LifeTree*）投稿，而不是在更传统的大学出版社成书出版的写作者而言，这是一项极具挑战性的任务。因为我相信出版人玛姬·朗格里克的眼光，她有能力帮助第一作者打磨出优秀的著作，让更多人读到它。我非常高兴作了这个出书的决定。

玛姬看到了我的思想的作用，以及这个主题的时效性，她鼓励我把这些思想结集成书。她为我引荐了露西·肯沃德，她帮我梳理了晦涩的文字和不通的文法，让本书更具可读性。谢拉罗丝·威伦斯基承担了书稿文字润色的工作。塞塔雷·阿什拉弗朗西哈雷负责为本书绘制插图，他的工作为本书增色不少。斯宾塞·朗精心管理着这个出版项目，按时交付了书稿。感谢所有生命树团队的成员。

我的几位朋友和同事也抽出暑假时间来阅读了本书的初稿。在此对他们表示感谢，他们是：麦克·劳森、史蒂夫·纽曼、巴拉·艾耶、默罕·苏布拉马尼亚姆、本·M. 本绍、斯柯特·莫顿、约翰·C. 亨德森、纳林·库尔、奥马尔·埃尔·萨维、巴斯卡·查卡拉沃迪、里克·查韦斯、吉姆·奇列洛、梅尔·霍维奇、布林利·普拉茨、乔治斯·爱德华·迪亚斯、赫拉多·卡瓦尔坎特、唐·布尔默、亚历山德罗·马丁内斯、克里斯·纽维尔、乔·古尔冈等。虽然本书不可能一一采纳所有人的建议，但我认真阅读了这些建议，其中一些可能会出现在我的其他著作中。

最后，我从 1998 年起就在波士顿大学担任教授职务，感谢这个职位提供的财务支持。我还要感谢的人有：奎斯特罗姆商学院院长肯·弗里曼。他看到了数字化时代的到来，并将数字化作为学院的战略研究领域，营造了一个在科研与教学的交叉领域进行新思维研究的环境。

"iHappy书友会"会员申请表

姓　名（以身份证为准）：＿＿＿＿＿＿　　性　别：＿＿＿＿＿＿＿＿

年　龄：＿＿＿＿＿＿＿＿＿＿＿＿　　职　业：＿＿＿＿＿＿＿＿＿

手机号码：＿＿＿＿＿＿＿＿＿＿＿　　E-mail：＿＿＿＿＿＿＿＿＿

邮寄地址：＿＿＿＿＿＿＿＿＿＿＿　　邮政编码：＿＿＿＿＿＿＿＿

微信账号：＿＿＿＿＿＿＿＿＿＿＿　（选填）

请严格按上述格式将相关信息发邮件至中资海派"iHappy书友会"会员服务部。

　　邮　箱：szmiss@126.com

　　微信联系方式：请扫描二维码或查找zzhpszpublishing关注"中资海派图书"

中资海派公众号　　　中资海派淘宝店

优惠订购	订阅人		部　门		单位名称		
	地　址				邮　编		
	电　话				传　真		
	电子邮箱			公司网址			
	订购书目						
	付款方式	邮局汇款	深圳市中资海派文化传播有限公司 中国深圳银湖路中国脑库A栋四楼			邮编：518029	
		银行电汇或转账	户　名：深圳市中资海派文化传播有限公司 开户行：工商银行深圳八卦岭支行 账　号：4000 0273 1920 0685 669 交通银行卡户名：桂林　卡　号：622260 1310006 765820				
	附注		1. 请将订阅单连同汇款单影印件传真或邮寄，以凭办理。 2. 订阅单请用正楷填写清楚，以便以最快方式送达。 3. 咨询热线：0755-25970306 转 158、168　传　真：0755-25970309 转 825 　E-mail：szmiss@126.com				

　→利用本订购单订购一律享受九折特价优惠。

　→团购 30 本以上享受八五折优惠。